AF465458

O³
38

LES

COLONNES D'HERCULE

EXCURSIONS

A TANGER, GIBRALTAR, ETC.

PAR

L.-A. BERBRUGGER

ALGER
BASTIDE, LIBRAIRE-ÉDITEUR

CONSTANTINE
[illegible] et ARNOLET, Imprim.-Libr.
RUE DU PALAIS

PARIS
CHALLAMEL aîné, Libraire-Éditeur.
30, RUE DES BOULANGERS

1863

LES

COLONNES D'HERCULE

EXCURSIONS

À TANGER, GIBRALTAR, ETC.

PAR

L.-A. BERBRUGGER

ALGER

BASTIDE, LIBRAIRE-ÉDITEUR

CONSTANTINE	PARIS
ALESSI et ARNOLET, Imprim.-Libr.	CHALLAMEL aîné, Libraire-Éditeur.
RUE DU PALAIS	30, RUE DES BOULANGERS

1863

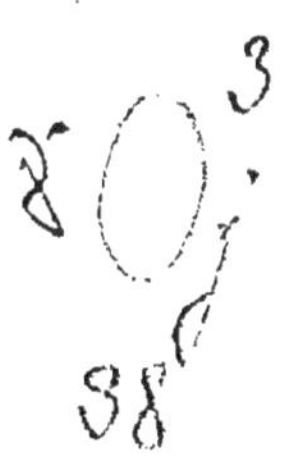

L'AUTEUR

A SA CHÈRE ENFANT

Eugénie BERBRUGGER

Alger, 4 Février 1863.

LES

COLONNES D'HERCULE

GIBRALTAR, TANGER, ETC.

Si richesse savait et si pauvreté pouvait, que de belles choses l'on verrait !

Par exemple, on verrait le pauvre diable intelligent et actif, qui passe sa vie à désirer de courir le monde et que l'*impécuniosité* cloue au logis, réaliser enfin ses rêves d'excursions scientifiques, artistiques ou littéraires. On verrait encore des milliers d'hommes opulents, que l'ennui de l'existence casanière dévore, songer à lui échapper par la distraction des voyages. Il est si bon de changer un peu d'air de temps à autre, de dilater son cœur et d'agrandir son esprit, en élargissant le cercle de ses observations quotidiennes, et cela est si aisé... avec de l'argent.

Je m'abandonnais à ces philosophiques réflexions, le 4 août dernier, en voguant vers l'Atlantique. A cette époque de l'année, les zéphyrs seuls rident la surface des eaux, et le tempêtueux Éole n'a pas encore ouvert les outres qui recèlent les orages équinoxiaux. Entre un ciel d'azur et une mer d'huile, je m'étonnais de ne trouver sur notre bateau à vapeur, — après le personnel de circonstance des employés en congé et des collégiens en vacances, — que des membres du commerce, de l'industrie ou des affaires. En m'exceptant, — selon l'usage, — je ne voyais pas, d'ailleurs, une seule personne voyageant dans un but étranger à l'achat et à la vente ; pas même le plus léger pauvre petit touriste ! Quel triste symptôme d'indifférence intellectuelle dans des classes où l'on peut se déplacer avec tant d'agrément et de facilité !

Voici précisément ce qui m'a décidé à raconter

aux abonnés de l'*Akhbar* (1) mon odyssée d'un mois entre Alger et l'Océan. Car cet humble récit, à défaut d'autre mérite, aura peut-être celui d'inspirer à quelques lecteurs le désir de faire, à leur tour, une utile et charmante excursion, qui n'est ni longue, ni difficile, ni fatigante, ni même bien coûteuse, puisque, à la rigueur, une quinzaine de jours et trois à quatre cents francs suffisent pour s'en tirer avec avantage.

On va en juger bientôt, du reste, car j'entre en matière sans autre préambule que l'observation suivante.

Pour le bon entendeur, la définition qu'on vient de lire du but de mon travail, m'absout entièrement de toute prétention à la science.

En effet, ce travail est la simple réunion de notes de voyage, prises d'abord dans un but purement personnel, et soudées ensuite de manière

(1) Ce travail a paru d'abord, en divers articles, dans les numéros de l'*Akhbar* des 6, 7, 11, 17, 28 novembre et des 11 et 13 décembre 1862. Aux initiales de l'auteur, L. A. B. (Louis-Adrien Berbrugger) qu'il portait, nous substituons ici son nom.

à composer quelques articles *variétés*. C'était là le *nec plus ultrà* de l'ambition de l'auteur.

Cet antique dicton me rappelle que je n'ai jamais regardé sans émotion les deux colonnes qui l'accompagnent, au revers des piastres de S. M. catholique. C'est qu'elles évoquaient en moi les classiques souvenirs de Calpé et d'Abyla (aujourd'hui *Gibraltar* et *Ceuta*), ceux d'Hercule surtout, cette personnification de la puissance divine, qui a semé sur tous les points de l'ancien monde de nombreuses traces de son passage et les preuves que le règne de la force est de tous les temps. Le *nec plus ultrà*, qu'il inscrivit, dit-on, à l'entrée du célèbre détroit, avait perdu sa négative et n'était déjà plus un veto irrésistible, même avant Christophe-Colomb; Charles-Quint l'avait ensuite décapité sans façon pour en composer sa fière devise *plus ultrà*. Hé bien ! quoiqu'ainsi dépoétisée, la barrière mythologique, que tant de souvenirs recommandent, parlait encore à mon imaginatien et j'avais toujours désiré d'y faire un pèlerinage.

J'ai pu, enfin, réaliser ce rêve caressé depuis

si longtemps, et m'embarquer pour l'Ouest, le 4 août dernier, sur le *Narval*, qui, le 6, de très-bonne heure, mouillait en rade de Mers-el-Kebir.

Ces dates sont intéressantes à noter, car le vapeur qui m'amenait correspond avec un autre qui part d'Oran une fois par mois, le 7, à trois heures de l'après-midi, pour Gibraltar, Tanger, Cadix et retour. Il faut donc arriver à point, sous peine de subir un retard qui peut être d'un mois, au minimum.

Il résulte de cette combinaison des départs qu'on a toute la journée du 6 et une partie de celle du lendemain, pour parcourir Oran ; on peut même, si l'on a de solides jarrets, risquer une ascension à Santa-Cruz et au Santon, d'où la vue embrasse un panorama très-étendu, sinon fort splendide. Mais voici une malencontreuse chute de phrase qui me brouillerait avec la population oranaise, si je ne me hâtais d'ajouter que les lignes du paysage sont très-belles, grandioses même, et que, si jamais le plus léger manteau de végétation vient couvrir la nudité presque générale du terrain, en le parant de quelques riantes couleurs, rien ne manquera plus à la perspective.

M. de Cherrier, ancien chef du service des forêts dans l'Ouest, avait déjà commencé l'œuvre du reboisement des tristes et arides montagnes qui enceignent la rade de Mers-el-Kebir. Mais quant à y créer des côteaux aussi frais et aussi verdoyants que ceux de notre Moustafa-Pacha, ainsi que le rêve un honorable propriétaire du lieu, il faut, pour cela, de l'eau en abondance, et l'eau est précisément ce qui manque dans cette région presque saharienne. L'expression *saharienne*, employée à propos des environs d'Oran, ne paraîtra pas trop exagérée à ceux qui ont été à même de faire des études comparatives. Ainsi, par exemple, rien n'est plus analogue à certains endroits du Désert que le terrain situé entre Valmy et la belle ferme d'Arbal, qui, pour plus de ressemblance, joue là le rôle d'une véritable oasis.

On ne s'étonnera donc pas que le cri unanime d'Oran et de ses environs soit : *de l'eau ! de l'eau !* C'est peut-être le seul point sur lequel administrateurs et administrés soient tout-à-fait d'accord.

Un hydroscope, M. Noiseux, s'émut naguère de cette situation et répondit à l'appel de la soif par la découverte d'une source, fort abondante d'abord (la source *Noiseux*), mais qui, par malheur, décrût beaucoup ensuite. Après un assez long abandon, on se décide, dit-on, à entreprendre les travaux qu'il fallait faire pour la ramener à son débit primitif et l'utiliser enfin. Le découvreur de cette source était pauvre : pour subvenir aux frais des travaux de recherches, il avait dû contracter des emprunts qu'il ne put rembourser en temps utile. Le fardeau de la dette lui devint tellement intolérable qu'il se donna la mort de ses propres mains. A défaut de la rémunération que mérite, — même de son vivant, — tout homme qui rend un service public, Noiseux aura du moins une compensation posthume; et c'est la voix du peuple qui la lui décerne, en donnant son nom à la source qui lui a coûté si cher.

Il ne faut pas que quelque pessimiste induise de ce qui précède qu'Oran et ses environs meurent absolument de soif. Entre n'avoir pas du tout d'eau et n'en avoir pas assez, il y a des états intermédiaires. Il suffit qu'Oran soit à un de ces derniers pour qu'il réclame avec raison et s'ingénie de son mieux. Au reste, c'est la préoccupation constante de l'autorité locale, et les efforts incessants qu'elle fait pour résoudre le problême ne peuvent manquer d'avoir un bon résultat.

Après la promenade au Santon, que je conseillais tout-à-l'heure, on peut consacrer la soirée du 6 au jardin Létang, où l'on entend de la bonne musique, auprès du café-restaurant de Mme Genouvier, que nous avons vue jadis, à Saint-Eugène, diriger l'établissement du Pont suspendu. L'élite de la société oranaise se donne volontiers rendez-vous dans cette belle avenue que la brise du soir, le voisinage de la mer rafraîchissent délicieusement, mais sans faire tout-à-fait concurrence aux glaces du limonadier voisin. Le grand nombre de belles espagnoles qui y coudoient nos jolies françaises annonce bien le voisinage de l'Andalousie.

Le lendemain 7, si l'on ne redoute pas trop

les montées alternant avec les descentes, on peut parcourir la ville d'Oran, surtout la vieille cité castillane, qui abonde en souvenirs et en monuments historiques; mais il ne faut plus chercher le délicieux ravin qui serpentait jadis entre les deux parties de l'agglomération oranaise; c'était trop de verdure et de fraîcheur et cela eût juré avec le reste. On l'a donc comblé pour en faire une rue qu'on ne peut guère fréquenter en été au milieu du jour, car dans cette espèce de fournaise les rayons solaires convergent comme au foyer d'une lentille.

Le bijou végétal qu'on a si malencontreusement remplacé par une chaussée poudreuse et brûlante s'appelait *Ras-el-Aïn*, la tête ou l'origine de la source, du ruisseau. A Oran, sur les affiches, dans les journaux et partout, on s'accorde à écrire et à imprimer *Raz-el-Aïn*. Estropier le nom quand on détruit la chose, c'est un assez mince délit, et, d'ailleurs, un barbarisme se marie si naturellement avec un acte de barbarie.

Mais la journée du 7 s'écoule rapidement et il faut se hâter de prendre une calèche devant la préfecture, là-même où fut jadis ce pauvre ravin ; car de la cheminée du *Phénix*, en partance pour le Maroc, monte un panache de fumée qui annonce que l'heure du départ est proche. En moins d'une heure, le véhicule, dirigé par un adroit et alerte cocher espagnol, me conduit à Mers-el-Kebir. J'avais à peine terminé mon installation dans la précieuse petite chambre qui devait être ma demeure pendant une dixaine de jours qu'on leva l'ancre et que nous fûmes en route. Quand je remontai sur le pont, le navire avait déjà doublé le fort et nous naviguions au milieu d'une flotille de coralines, ou petites barques employées à la pêche du corail. Bientôt, nous laissons à tribord l'humble plateau rocheux qui usurpe la dénomination ambitieuse d'*Ile Plane*. De l'autre bord, nous apercevons les plaines d'*Aïn-el-Turk* et des *Andalouses*, puis le cap *Lindles*, corruption évidente de *El-Andalès*, les Andaloux. Cette désignation rappelle les maures chassés d'Espagne au commencement du 17e siècle et qui s'établirent en cet endroit, sur des ruines romaines.

Vers cinq heures et demie du soir, nous étions par le travers des *Habibas*, les îles des *Amies*; et, à onze heures environ, nous stoppions un instant devant Nemours, le *Djema Razaouat* des Arabes. Ce mouillage forain n'est abordable que par le beau temps; il est de ceux devant lesquels on passe outre dans les circonstances contraires, trop heureux si, au retour, on ne passe pas outre encore; de sorte qu'après huit à dix jours d'allées et venues, on a l'amère mystification de se retrouver juste au point de départ. Ce genre de localités maritimes fait apprécier la justesse du proverbe qui conseille de n'aller jamais par mer à tout endroit où l'on peut arriver par terre.

Je ne m'étends par sur les lieux qui défilent ainsi rapidement devant nous, parce qu'ils sont très-bien décrits par M. Louis Piesse dans son *Itinéraire de l'Algérie*, excellent ouvrage, indispensable pour les étrangers et même pour tout africain qui, par exception, aspire à bien connaître le pays qu'il habite. Je renvoie à ce guide très-sûr qui, malheureusement, s'arrête à la frontière orientale du Maroc. On regrette que l'auteur n'ait pas consacré quelques pages à la Tunisie maritime et au littoral marocain, que la vapeur visite régulièrement aujourd'hui. C'est une lacune à combler dans une prochaine édition.

Si l'on est solide à la mer, il est probable qu'on sera profondément endormi quand le bateau longera la côte située entre Nemours et le premier établissement espagnol, les îles *Djafarin*, que l'on appelle vulgairement *Zafarin*, par corruption. Les Espagnols écrivent *Chafarin* et prononcent *Tchafarin*, altération excusable, puisqu'ils n'ont pas dans leur langue d'articulation qui réponde au *Djim* des indigènes. Mais nous, que pouvons-nous alléguer pour justifier le barbarisme *Zafarin*? Rien, si ce n'est que nous cédons à un besoin naturel d'estropier les mots étrangers, même lorsqu'ils ne nous présentent aucune difficulté de prononciation.

Zafarin rappelle ce député de l'opposition, sous Louis-Philippe, qui, trompé par l'oreille, crut qu'il s'agissait d'*îles à farines*, ainsi appelées, pensait-il, de ce qu'elles produisaient beaucoup de froment. Partant de là, il blâmait le gouvernement de s'être laissé devancer par les Espagnols, dans la prise de possession d'une contrée aussi fertile. Ce calembourg politique très-involontaire eut quelque succès à l'époque. Il prouve d'ailleurs qu'il y a des barbarismes dangereux, au double point de vue de la statistique et de la géographie.

Le 8, vers 6 heures du matin, si l'on est tant soit peu diligent, on apercevra — mais de loin — les blanches constructions de Mellila. Une heure après, on commence à doubler le cap *Tres Forcas*, la plus forte saillie que fasse au nord la bande orientale du Maroc. C'est le *Ras-ed-Dir* des Arabes et très probablement le *Rusadir* des Romains.

A partir de cette terre avancée, le rivage d'Afrique s'enfonce vers le sud et on laisse à grande distance la partie de la côte où sont les présides d'Alhucémas et du Pégnon de Velez. Mais, en compensation, la plage péninsulaire apparaît confusément à tribord ; c'est d'abord comme ces nébulosités qui moutonnent le matin à l'horizon de la mer ; puis, à mesure que le navire avance, ces légères vapeurs prennent des contours de nuages pour se résoudre définitivement en une majestueuse chaîne de montagnes qui vont passer devant Gibraltar qu'elles laissent complètement isolé entre la Méditerranée, le Détroit, la rade d'Algésiras et la langue de sable très-basse qui le rattache seule à l'Espagne.

Quant au littoral marocain, après avoir fui au sud pour dessiner un large golfe, il revient insensiblement au nord, à partir de Badis, un peu à l'ouest du Pégnon de Velez ; puis, il projette vigoureusement son promontoire le plus septentrional à Ceuta, comme pour opposer la masse du Mont des Singes, sous laquelle cette ville s'abrite, au roc gigantesque de Tarik, ce formidable pied-à-terre que les Anglais ont emprunté à l'Espagne en 1704, quand ils étaient ses alliés, et qu'ils ont toujours oublié de lui rendre.

Enfin, voici Calpé et Abyla en présence et

nous avons devant les yeux la porte orientale du fameux détroit, du *Zokak* des marins arabes, du *Boraz* des corsaires barbaresques, qui ne l'ont franchi que trop souvent à leur belle époque maritime, au grand détriment et à la grande honte des nations chrétiennes.

D'une partie du monde à l'autre, le gourbi kabile et la tente arabe font repoussoir à la maison européenne ; la barbarie et la civilisation échangent des regards hostiles par dessus l'étroit canal ; le croissant et la croix se dressent face à face, celle-ci en vainqueur qui se rassemble pour entamer de nouvelles conquêtes, celui-là en guerrier toujours malheureux et qui ne lutte plus que pour éviter la honte de céder sans combat.

A moins qu'on ait été contrarié par le temps ou que le bateau soit mauvais marcheur, on doit mouiller devant Gibraltar, le 8, un peu avant minuit. A cette heure indue, il ne faut pas songer à pénétrer dans la place, qui demeure strictement fermée après le coup de canon du soir. Les passagers qui se trouvent mal à l'aise à bord — et ils sont nombreux — ressentent toujours une grande impatience de descendre à terre, surtout dans cette rade, qui est aussi agitée que la pleine mer dès que le vent souffle avec énergie entre Sud et Ouest. A défaut d'un hôtel dans la ville, on rêve au moins une petite auberge de faubourg. Vaine illusion ! Il n'y a rien hors de la citadelle britannique. C'est un de ces terrains militaires vides, incultes, comme le Génie les aime et qu'il s'applique à étendre de plus en plus, sous prétexte d'augmentation énorme dans la portée des canons; de sorte que, pour peu que l'artillerie continue de progresser, notre globe, que Dieu semblait avoir destiné à la production, sera partagé en stériles zones de servitudes militaires.

Il n'y a rien, disais-je, en dehors de Gibraltar. Je parle au point de vue de l'hospitalité ; car il y a par le fait deux lignes de guérites habitées par deux lignes de factionnaires, les uns Anglais, les autres Espagnols, ayant tous l'arme chargée, l'œil et l'oreille au guet. Il serait dangereux d'aller leur demander un asile sans connaître le mot d'ordre.

Singulière situation, celle de deux peuples en paix l'un avec l'autre et qui croisent en permanence la baïonnette l'un contre l'autre !

Quant à moi, convenablement renseigné sur cet intéressant chapitre de l'inhospitalité nocturne de Gibraltar et n'ayant, d'ailleurs, pas trop de répugnance pour la vie de bord, je retournai philosophiquement à mon armoire-couchette sous mon hublot-fenêtre. Cependant, le lendemain 9, j'étais levé de bonne heure, attendant avec impatience que le soleil voulût bien en faire autant.

Enfin, le coup de canon de l'aube éclate et vient réveiller tous les échos de la rade. C'était le bienheureux *Sésame, ouvre-toi !* Je saute aussitôt dans l'embarcation qui, en quelques minutes, me dépose à Water-port. De ce port marchand, je me dirigeais à pas pressés vers l'entrée de la ville, lorsqu'un personnage installé dans une petite baraque en bois — que je n'aurais jamais soupçonnée d'être un bureau de police — m'arrête soudain par une invitation polie à venir lui parler. Un étroit galon d'argent courant autour du turban d'une vulgaire casquette indiquait seul le caractère administratif de mon interpellateur ; la modestie de la tenue était en rapport parfait avec celle du local.

Monsieur a sans doute un passeport, me dit-il, avec beaucoup d'aménité.

J'en avais un, en effet, mais il datait de 1833 et se trouvait, d'ailleurs, à Alger, perdu dans l'immensité de mes vieilles paperasses. J'eus donc un moment d'embarras ; par bonheur, je me rappelai mon ordre de service, que j'avais sous la main, et je le tendis aussitôt.

Il le lut d'un bout à l'autre, à haute voix et avec la prudente lenteur d'un homme qui ne se sent pas très-ferré sur la langue française. Arrivé au bout et trouvant *Malakoff* à la signature, sa physionomie déposa le masque de froideur officielle pour prendre une expression de contentement patriotique. Evidemment, ce nom glorieux lui rappelait une noble fraternité d'armes entre nos deux nations. Quoi qu'il en soit, il parut très-satisfait de sa lecture; et, sans la moindre hésitation, il me délivra aussitôt le petit carré de papier qui m'autorisait à rester à Gibraltar jusqu'au coup de canon du soir.

J'avais déjà repris ma course, lorsqu'il m'appela de nouveau ; je frémis à la pensée qu'il se ravisait et que, tout bien considéré, ma lettre de service lui semblait ne pas équivaloir à un passeport. Mais c'était une fausse alarme et mon homme se borna à me prier de ne pas oublier de lui rendre le petit carré de papier quand je repasserais par là. Lors de ma seconde visite à Gibraltar, quelques jours après, je débarquai au port militaire, près de la pointe d'Europe. Là, je ne vis ni bureau de police ni agent et j'entrai sans que personne me demandât mes papiers ni quoi que ce fût.

Après avoir accompli à Water-port la formalité que je viens de décrire, je me hâte de pénétrer en ville en franchissant une voûte qui supporte une caserne casematée. Je débouche sur une place où stationnent quelques *calesas* dont la forme antique évoque le souvenir de nos cabriolets du commencement de ce siècle; aussi, je cherchai instinctivement sur les épaules des cochers les trente-six collets du carick traditionnel; je n'y trouvai que leur antipode, la petite veste andalouse bien écourtée et très-juste au corps.

Non loin de là, un détachement de soldats anglais se livrait à un exercice qu'il m'est plus facile de décrire que d'expliquer: à un certain commandement, chaque homme projetait avec énergie les bras en avant, pour les ramener aussitôt sur la couture du pantalon, à la position des débutants dans la carrière de la gloire. Après une stérile contemplation de quelques minutes, je pris le parti de laisser derrière moi cette énigme militaire, et je m'engageai dans la grande rue.

Il était encore de si bonne heure que peu de boutiques ou magasins étaient ouverts; on ne rencontrait guère que des soldats allant en troupe ou isolément, à leurs affaires ou à leur service. C'étaient, pour la plupart, des gaillards solides, qu'on appellerait volontiers de beaux hommes, si leur raideur un peu trop britannique ne les privait de cette désinvolture qui est la grâce de l'homme de guerre.

En continuant ma flânerie, j'arrivai devant une église catholique, monumentale par sa masse, sinon par sa forme ; elle était sombre au dedans, sans être fraîche pour cela ; la chaleur y régnait même plus forte qu'au dehors, où elle était cependant assez grande. La température de bain maure qu'on y éprouvait ne me permit pas d'y rester assez longtemps pour l'examiner en détail. J'eus à peine le temps de reconnaître l'influence espagnole au nombre et au mauvais goût des ornements du maître-autel. Mais je reviendrai plus tard sur ce chapitre, à propos de la chapelle des capucins de Tanger.

Quand j'entrai, le prêtre officiait devant un assez petit nombre de fidèles, la plupart des andalouses de condition inférieure, le jour ne s'étant pas fait encore chez les grandes dames du lieu. En voyant la beauté de quelques-unes des pauvres femmes agenouillées là et la distinction de presque toutes, on ne pouvait s'empêcher de penser que l'aristocratie féminine espagnole de Gibraltar devait avoir un bien grand air, sans préjudice de très-jolies figures.

Au bout de la rue principale, je trouvai une sortie par deux portes défilées. Comme cette disposition, prise dans l'intérêt de la défense, ne permet pas à des voitures venant en sens opposé de s'apercevoir, le factionnaire qui va et vient entre les deux issues a pour consigne d'agiter une sonnette, le cas échéant, ce qui prévient des rencontres dangereuses. Rien ne paraît futile aux Anglais, quand il s'agit d'un intérêt public. Aussi Gibraltar est-il d'une propreté vraiment britannique, et c'est tout dire ; et la circulation des personnes et des voitures s'y fait-elle sans bruit et sans embarras.

On est agréablement surpris de ces sortes de choses, lorsque, comme moi, on habite depuis trente ans une ville dont la saleté est proverbiale ; où les marchands, établis dans les rues à arcades, regardent la galerie qui règne devant leur boutique comme une prolongation de leur domicile particulier, s'y installent, hommes, femmes, enfants, chiens et chats, avec chaises, tables, etc. ;

quelques-uns même cherchent querelle au pauvre passant qui, en allant à ses affaires, et croyant être d'ailleurs sur la voie publique, essaie de se faufiler dans les interstices de ces ménages sans façon.

Après m'être procuré la satisfaction de voir le factionnaire donner le coup de sonnette, je franchis la porte extérieure et me trouvai dans un très-grand jardin composé de longues avenues, ombrageant les quatre côtés d'un vaste champ de manœuvres. Au moment où j'y débouchais, des espèces de galériens, aux vêtements mi-partis, se rendaient au travail, sous la conduite de surveillants pourvus de revolvers, dont les gueules menaçantes dépassaient le bord inférieur de leurs paletots-vestes. Cette arme paraît préférable au fusil des soldats préposés à la garde de nos condamnés militaires; car, lorsqu'il s'agit, par exemple, de courir après un fuyard, le mousquet n'est certainement pas un engin très-commode.

Un bataillon manœuvrait alors au centre de l'immense square; je vis parmi les serre-files un sous-officier armé d'un énorme compas en bois. Je me rappelai aussitôt avoir entendu parler d'un instrument de ce genre qui servait, disait-on, à indiquer au soldat anglais le degré d'ouverture à donner aux jambes pendant les différentes marches. Est-ce bien là l'usage de celui que j'avais sous les yeux ? Je suis resté dans le doute, n'ayant pas eu occasion de voir ledit compas fonctionner. J'aurais pu interroger le sergent, mais il paraissait beaucoup trop absorbé dans les diverses phases de l'école de bataillon. D'ailleurs, l'étranger doit être sobre de questions avec les militaires anglais de Gibraltar. Des gens sans cesse préoccupés, comme ils le sont presque tous, de la recherche de l'emplacement d'un nouveau canon que l'on puisse ajouter aux neuf cents déjà en batterie, seraient capables de croire que le touriste qui les questionne, par simple curiosité, est quelque guerrier méditant, à l'abri de l'incognito, un plan d'attaque contre l'imprenable forteresse.

L'heure du départ de notre bateau me força de revenir sur mes pas avant d'avoir atteint la pointe d'Europe, le quartier le plus méridional de Gibraltar. Les magasins s'étaient ouverts depuis mon premier passage; mais comme c'était un samedi, et que l'élément israélite domine dans la localité, il y en avait encore beaucoup de fermés, ce qui ajoutait à la tristesse naturelle à toute ville anglaise.

J'ai oublié de dire qu'un guide s'était imposé à moi malgré mes énergiques protestations. Le premier et le moindre inconvénient de cette compagnie est la vacation à solder. Le deuxième, et déjà plus grave, est de payer très-cher ce qu'on achète sous sa direction, car il conduit seulement chez les marchands qui lui font une remise dont vous acquittez les frais, en définitive. Le troisième et dernier, le pire de tous, c'est d'être ennuyé de son bavardage intarissable et stérile.

Le mieux est d'aller tout droit chez notre compatriote, M. Bartibas, dans la grande rue. Homme gracieux et obligeant, il se fait un plaisir de renseigner les Français sur toutes choses. Après avoir pris langue chez lui, on peut aller de l'avant sans crainte et avec certitude de profiter de son voyage.

Gibraltar est un de ces endroits qui impressionnent assez vivement pour qu'on ait le désir d'en emporter l'image exacte. Mais les Anglais ne veulent pas qu'on prenne leur chère forteresse, même en peinture ; et je conservais un souvenir confus des tribulations que M. Alary aurait essuyées de leur part pour avoir photographié la montagne sacro-sainte. J'avais ouï dire qu'il avait été tracassé, expulsé même ; au moment où tout cela me roulait dans la tête, j'arrivai devant une boutique où l'on vendait un peu de tout, selon la méthode américaine. Quelle fut ma surprise d'apercevoir au vitrage une grande et belle photographie, au timbre de C. Clifford, représentant Gibraltar et une partie de sa rade. Je m'empressai d'en acheter un exemplaire au prix de 10 fr.; j'en aurais donné bien davantage.

Il restait à s'expliquer pourquoi les Anglais, qui laissent vendre cette photographie publiquement, auraient eu intérêt à empêcher M. Alary d'en faire une de bien moindre dimension et, par conséquent, moins propre à guider dans l'étude de la place (1).

Mais il faut quitter Gibraltar, où je reviendrai cependant encore à quelques jours de distance; le récit de cette deuxième visite complétera ce qu'on vient de lire.

A 11 heures du matin, dans cette même journée du 9 août, j'étais réinstallé à bord du *Phénix*; et, une demi-heure après, nous voguions vers Tanger, avec le vent, le courant et la marée contre nous.

En sortant de la rade, nous avions devant nous le *Mont-des-Singes* (le pendant du Roc de Gibraltar) et sa sentinelle avancée, Ceuta aux maisons blanches. Nous les laissâmes à gauche pour doubler la *Punta del Carnero* (la pointe du mouton), et donner dans le Canal. Là, à l'endroit le plus étroit, vingt et quelques

(1) J'ai appris, depuis mon retour, que M. Alary a été obligé de s'installer sur le territoire espagnol pour photographier Gibraltar, dont la vue figure, par conséquent, dans son intéressante collection.

kilomètres séparent l'Europe de l'Afrique dont les deux côtes opposées se voient parfaitement bien d'un rivage à l'autre. Le littoral espagnol, sans être fort beau au point de vue de la végétation, est pourtant d'un aspect plus riche et plus agréable que celui du Maroc qui semble l'idéal de la solitude et de l'aridité.

Quand on veut échapper à la violence du courant Ouest-Est, on range la côte espagnole jusqu'auprès de Tarifa où elle cesse d'être nette ; là, on prend sa bordée sur Tanger que l'on atteint par une courte diagonale. Un bateau à vapeur de marche ordinaire et dans des circonstances nautiques moyennes franchit en trois heures la distance totale qui n'est que de 25 milles, soit environ 35 kilomètres. Nous en avons mis près de cinq, parce que tout nous était contraire.

Il y a presque toujours une grande animation dans le Détroit ; par la forte brise d'Ouest qui soufflait à notre passage, de nombreux navires venant de l'Océan gagnaient rapidement la Méditerranée, tandis que ceux qui avaient à suivre une direction différente, louvoyaient péniblement pour déboucher dans l'Atlantique au moment opportun. Au reste, Gibraltar offre la ressource de ses petits remorqueurs à vapeur aux bâtiments qui ne veulent pas courir le risque de bourlinguer trop longtemps, en attendant un vent favorable au passage.

Nous avons passé assez près de Tarifa pour le bien apercevoir comme ensemble. Ainsi que toutes les bourgades espagnoles que nous avions vues jusque-là, il rappelle les villes africaines que notre civilisation n'a pas encore dénaturées. Même masse de maisons blanches à terrasses ; du moins, s'il y a des toîts, la distance et la brume m'empêchèrent de les distinguer. Nous avons appris à connaître en Algérie l'horreur du cultivateur espagnol pour les arbres; il ne les chérit guère plus dans son propre pays. On s'en aperçoit bien en examinant cette côte si peu boisée. Au moins, nos indigènes, tout barbares qu'il soient, aiment à enceindre leurs cités de jardins et à ombrager de grands végétaux les coupoles de leurs marabouts.

De Tarifa, on atteint bien vite la rade de Tanger et l'on vient mouiller entre *Ras el Menar* (cap du phare) et la ville, en face des ruines équivoques qu'on appelle le vieux Tanger. Il ne faut pas que le nom de ce cap induise en erreur : le fait est qu'il n'y a pas de phare de ce côté ; il ne s'en trouve qu'au cap Spartel, où un ingénieur français en construit un qui pourra fonctionner l'année prochaine.

A peine a-t-on jeté l'ancre, qu'on est entouré d'embarcations manœuvrées en général par des Kabiles du Rif, qui se consolent imparfaitement par cette industrie licite de l'impossibilité où ils sont aujourd'hui de se livrer à la piraterie qui leur procurait jadis de si bonnes aubaines. Conduit par ces vigoureux rameurs, on arrive vite à la plage de Tanger, en dedans des ruines du môle anglais et sous le fort Chacho, le plus important de ceux qui défendent le front maritime de la plage, et le contraste le plus frappant avec

Gibraltar, au point de vue du nombre, de la valeur, et du bon entretien des fortifications.

Comme on est ici très-près de l'Océan, la marée se fait sentir et amène des variations de niveau d'environ 2 m. 50 c.; aussi, au reflux, sur cette plage basse et faiblement inclinée, les embarcations s'ensablent longtemps avant d'atteindre le bord. C'était précisément le cas, lorsque nous nous présentâmes pour débarquer ; il nous fallut passer de notre canot sur les épaules des Juifs. Or, à Tanger, les Israélites de la basse classe sont aussi sales que les autres sont propres et même recherchés dans leur toilette. On s'abandonne donc avec quelque répugnance à ces chaloupes humaines, qui semblent recéler bien des passagers invisibles dont on redoute le transbordement sur son propre individu. Cependant, les deux fils d'Israël qui avaient entrepris de m'amener à terre m'y déposèrent sain, sauf et même sec, malgré mainte trébuchade causée par les inégalités du fond ; et les recherches les plus munitieuses ne m'ont fait découvrir aucune trace vivante d'un contact assez prolongé avec leurs suspectes personnes.

Me voici donc de nouveau sur la terre d'Afrique, dans la patrie d'Antée le géant. Influencé par ce dernier souvenir, on se prend à toiser curieusement du regard les indigènes qui font la haie pour vous voir passer. Quant à moi, j'avoue que les Maugrebins sont en général d'assez beaux hommes ; mais je déclare n'avoir pas aperçu parmi eux aucun individu d'une taille assez avantageuse pour rappeler celle du terrible adversaire d'Hercule.

A peine déposé sur la grève, je donnai un coup-d'œil à l'ensemble de la ville et surtout au côté maritime qui se développait à quelques pas de moi sous forme de bastions ébréchés et de courtines en capilotade. Tanger, assis sur les deux pentes opposées de son ravin, reproduit avec assez d'exactitude la situation d'Oran. Seulement, il est plus petit, ses hauteurs environnantes s'appellent des collines et non des montagnes; enfin il n'a pas de Mers el-Kebir (le grand port), ni même de Mers el-Seghir (le petit port); son mouillage rappelle tout-à-fait le *Mare importuosum* de Salluste. Autre différence, mais celle-ci à l'avantage de la cité marocaine: Tanger a pour cadre une fraîche bordure de végétation qui le fait heureusement valoir, surtout en haut, à la naissance du pli de terrain où il se déploie avec quelque grâce. Mais, pour la consolation des destructeurs du ravin d'Oran, disons qu'ici, comme là-bas, la végétation s'arrête au-dessus du rempart supérieur et qu'en pénétrant dans la ville le ravin n'offre plus, au lieu d'arbres, d'eaux pures et murmurantes, que des rues étroites, tortueuses, bordées d'ignobles maisons en ruine et arrosées par des eaux de ménage.

En approchant de la porte de la Marine, j'aperçus un groupe qui mérite une courte description, car il caractérise admirablement l'état politique et économique actuel du Maroc. Il se composait de trois personnes, un Musulman et deux Chrétiens : l'enfant de Mahomet est tout simplement le collecteur des douanes impériales et siége sur une estrade en maçonnerie, à portée des objets imposables qui entrent ou qui sortent; les Chrétiens, assis fraternellement à ses côtés, sont un agent de l'Espagne et un représentant de l'Angleterre. Je me réjouissais déjà de cette entente cordiale entre le croissant et la croix, lorsqu'on vint me désenchanter en m'apprenant que ces messieurs en paletot avaient pour mission, l'un de prélever une partie des entrées et des sorties, afin d'acquitter certaine dette contractée envers la Grande-Bretagne, lors de la dernière guerre; l'autre, de compléter la liquidation des cent millions dûs par le Maroc à l'Espagne, par l'application de l'éternel *væ victis*.

Cette première manifestation de l'autorité marocaine, sous la forme d'un pauvre diable gardé à vue par deux espèces de recors, donne, dès l'abord, une assez piètre idée de la puissance de l'empire et surtout de son crédit. Ce n'est pas, du reste, le seul signe de décadence qu'on observe dans ce malheureux pays, où les caractères s'affaissent en même temps que les cités s'écroulent, sans que, ni en haut ni en bas de l'échelle sociale, personne se soucie le moins du monde de relever ces ruines morales et matérielles.

J'arrivai au consulat de France par une rue très-animée, bordée de nombreuses boutiques et relativement assez large ; c'est le *Souk*, la voie marchande, l'artère principale de la cité. En voyant les établissements des Européens qui s'y mêlent à ceux des Musulmans, on a peine à croire qu'il y a bien peu de temps, un Français, M. Rey, y tombait, en plein jour, frappé à mort par un fanatique. Que les temps sont changés !

Dans cette rue surtout, la marche est douce et silencieuse, car on chemine mollement sur une épaisse couche de détritus—autrement dit *d'ordures*—dont les strates les plus profondes remontent à une date assez éloignée. Si l'odorat en reçoit quelque offense, en revanche, le bruit des pas s'en amortit, et le pied y gagne d'être préservé de tout contact fâcheux avec le pavage, ce qui constitue une sorte de compensation. Avant de se rendre compte du fait, on s'étonne de voir, sans les entendre, la multitude de gens et de bêtes qui circulent sans cesse sur cette voie, ou plutôt — que le lecteur me le pardonne — sur cette véritable voirie. Un indigène de l'endroit, à qui je demandais si la ville était toujours aussi sale, me répondit naïvement qu'en hiver, après les grandes pluies, elle était fort propre, ce que je crus facilement d'après la déclivité du terrain. Je me proposai de faire part de ce système économique aux édiles de ma commune : cela ne leur coûtera rien et sera presque aussi efficace que leur mode actuel de balayage.

J'ai su, plus tard, que chaque consul, à Tanger, exerçait, à tour de rôle, pendant deux mois, une surveillance officielle sur la propreté publique, par délégation de l'autorité locale ; je ne nommerai pas le consul qui était alors de service; mais j'ai le droit de dire que ce n'était pas le nôtre, le seul, dit-on là-bas, qui prenne ces bénévoles fonctions au sérieux.

Malgré cette étrange accumulation d'immondices de toute espèce sur les voies urbaines, Tanger est très-sain, à ce qu'on assure. C'est à renverser toutes nos idées sur la matière. Autre soufflet donné à notre sagesse municipale : dans ce pays, où les chiens sont innombrables, à peu près indépendants, très-peu nourris et jamais muselés, on ne connaît pas la rage; cette horrible maladie ne se manifeste guère que dans les lieux où l'on fulmine des arrêtés contre l'espèce canine. Le mal ne viendrait-il pas des précautions mêmes que l'on prend pour le prévenir ?

Je croyais ne passer que trois ou quatre heures à Tanger, et autant au retour, juste le temps d'aller serrer la main d'un ami au consulat de France et de faire le tour de la ville. Je regrettais bien quelque peu cette façon sommaire de visiter un pays entièrement nouveau pour moi ; aussi, je modifiai volontiers mon itinéraire, quand on me fit observer que, si je continuais ma route, je ne ferais qu'entrevoir les villes échelonnées sur mon passage, tandis qu'en laissant partir le bateau sans moi, j'aurais au moins le temps de bien examiner Tanger et ses environs. Convaincu par ce raisonnement, qui répondait d'ailleurs à ma propre pensée, je m'installai au Consulat, après avoir prévenu M. de

Peralo, commandant du *Phénix* (de qui j'avais reçu et devais recevoir encore une gracieuse hospitalité) que son volage commensal lui faisait une infidélité de quelques jours.

L'heure était déjà avancée quand je pris cette résolution, et le temps manquait pour entreprendre, ce jour-là, une course sérieuse. Je me bornai à une courte promenade sur la terrasse du consulat, dont la vue plane sur toute la ville et s'étend en avant jusqu'à Gibraltar, dont on apercevait très-distinctement la partie appelée *Pointe-d'Europe*. En regardant tout près de moi, j'avais le spectacle, moins imposant mais plus gracieux, des femmes qui prenaient le frais sur le haut de leurs maisons ; la plupart étaient des Espagnoles et surtout des Juives ; les Musulmanes n'apparaissaient guère que dans le lointain, au milieu de quartiers éloignés de l'agglomération chrétienne et judaïque. Les femmes israélites sont souvent jolies, belles même quelquefois, malgré leur disposition générale à l'obésité et la fâcheuse adoption de la crinoline, dont elles exagèrent encore les ridicules proportions corsacrées par nos dames. Compter les falbalas qui s'enroulent autour de leurs jupes serait chose difficile; mais ce qui diminue singulièrement le grand effet qu'elles en attendent, c'est que rarement le corsage joint par derrière. Évidemment, elles reçoivent leurs robes du dehors toutes confectionnées et non coupées sur mesure; et comme leur corpulence excède la moyenne connue ailleurs, toute robe importée se trouve trop étroite pour elles. De là, le disgracieux hiatus que je signale entre leurs omoplates. Je n'aurais pas hasardé cette critique, très-légère pourtant, si je n'étais bien assuré qu'aucune des charmantes juives qu'elle concerne ne lira jamais — et pour cause — l'opuscule que j'écris en ce moment.

Le 10 août, lendemain de mon débarquement à Tanger, je m'éveillai avec la pensée d'aller faire une visite au pacha, représentant de l'autorité marocaine, sous les ordres du ministre Bergas, qui habite une maison de campagne des environs. C'était un acte de politesse que je croyais devoir accomplir, d'autant plus que ma curiosité y trouverait son compte. Cependant, lorsque j'en parlai à un compatriote, établi depuis quelque temps dans le pays, il ne put retenir cette exclamation, que je reproduis dans sa textuelle crudité :

« Allons donc, est-ce qu'on va voir ces *voyoux-là ?* »

Mon compatriote pouvait avoir raison ; mais, comme je n'étais pas encore à son niveau de connaissances locales, je persistai à faire la démarche. Je me rendis donc à la Casba, escorté par un chaouche militaire du Consulat, qui prend le nom pompeux de caïd, et qui, par le fait, est un simple cavalier de la garde impériale de Moula Mohammed. C'était pour moi un guide plutôt qu'un protecteur, car il est évident qu'un chrétien n'a pas grand danger à courir au milieu d'une population où des mains chrétiennes plongent dans la caisse du fisc au nez et à la barbe du percepteur légal musulman, et où le principal fonctionnaire indigène ne représente qu'un voyou aux yeux de l'étranger qui foule son sol et vit à portée de son bras.

En effet, je traversai la ville dans toute sa largeur pour monter à la crête occupée par la Casba, au nord de Tanger, sans qu'un mot, un geste, un regard même ayant quelque signification hostile, m'aient accueilli au passage. A Tunis, qui passe pour être acquis depuis si longtemps à notre civilisation, je n'avais pas toujours rencontré ce respect spontané du chrétien, et j'avais dû quelquefois l'imposer moi-même, ce qui, du reste, n'était pas fort difficile avec un peu de tact et de fermeté.

Arrivé dans la Casba, vaste enceinte entourée de murs qui s'appuient sur le rempart de la ville et qui en est le réduit, je la trouvai remplie, selon la mode musulmane, d'un fouillis de constructions de toutes les époques, de tous les genres, et presque toutes à différents degrés de délabrement. Au reste, le mot *décadence* se dessine ici en caractères évidents dans toutes les autres constructions publiques. Au milieu des ruines, surgit tout-à-coup à mes yeux une grande et belle porte mauresque, surmontée d'un auvent assez remarquable. Elle donnait accès à ce que j'aurais pris pour un large vestibule, si on ne m'eût averti que c'était la *mahakma* ou salle de justice. Cette salle est ornée de gracieuses arabesques en très-petits carreaux émaillés de différentes couleurs et de différentes formes; ce travail, fait avec beaucoup de goût et d'adresse, produisait une telle illusion qu'en mettant le pied sur le plancher, je crus que j'allais fouler un magnifique tapis. Nos architectes d'Alger et d'Oran, qui font de si charmantes choses dans le style mauresque, devraient bien appliquer le genre d'ornementation que je signale, et dont je ne connais aucun exemple en Algérie (1).

Je trouvai, dans la mahakma, un *khodja* ou écrivain accroupi dans un angle, auprès d'une très-petite table incrustée de nacre, et écrivant sur sa main qui lui servait de pupitre. Il me fit servir une tasse de café accompagnée d'une pipe, et la conversation s'engagea aussitôt. Voyant que j'avais affaire à un savant, je pris un

(1) On m'assure qu'il en existe un exemple dans un des bains maures d'Alger.

des volumes qui étaient à côté de lui, et qui était un quatrième tome de Sidi Brahim el-Chebrakhiti sur Sidi Khelil. J'eus soin de lire le titre à haute et intelligible voix, et j'ajoutai : « Avez-vous ici le commentaire de Sidi Abd el-Baki ou celui d'El-Kharchi, » etc., etc. ? Quand j'eus terminé mon énumération, qui fut longue, car il y a une soixantaine de ces sortes de gloses, je lus la stupéfaction sur le visage du pauvre khodja. Sa physionomie semblait dire : Comment diable un chien de chrétien peut-il savoir tout cela ? C'est tout simplement que le chien de chrétien en question a fait le catalogue des manuscrits arabes de la Bibliothèque d'Alger, et que ce travail l'a familiarisé avec la bibliographie musulmane ; mais son orientalisme ne va pas bien loin. Il aurait fallu là le savant M. Bresnier, qui sait plus d'arabe que n'importe quel taleb, et qui le calligraphie cent fois mieux que pas un d'entre eux.

Mon homme n'était pas encore revenu de sa surprise, lorsqu'un très-beau mulâtre, fort proprement vêtu, fit son apparition. Le khodja me le présenta comme étant le frère du pacha, et me présenta à lui comme un docte chrétien, qui savait plus d'arabe que tout le personnel de la plus savante medersa. Je déclinai avec énergie ce compliment si peu mérité ; mais l'effet était produit, et le beau mulâtre me présenta dans les mêmes termes à son frère le pacha. Nous trouvâmes celui-ci dans l'intérieur du palais, au milieu d'un jardin richement boisé; c'était un grand et magnique mulâtre, un vrai jumeau du premier. C'était, enfin, le pacha-caïd Mohammed ben Abd el-Kader el-Djebbouri, originaire des Abid el-Boukhari, ou garde de l'empereur du Maroc. Ce dignitaire me prit amicalement par la main et me fit entrer dans un petit pavillon très-nu et très-simple, d'où l'on domine la ville, la rade et le détroit jusqu'à Gibraltar inclusivement, ainsi que les deux côtes d'Europe et d'Afrique. Ici, nouvelle édition du café et de la pipe, accompagnée de la double et longue série des compliments et des lieux communs. Je fis de vains efforts pour amener la conversation sur un terrain plus sérieux et plus intéressant : El-Djebbouri laissa tomber sans résultat toutes mes tentatives pour aborder les questions vitales à l'ordre du jour dans son pays. Il m'a paru que sa taciturnité provenait de nonchalance, mais ce pouvait aussi bien être de la diplomatie. Ceux qui connaissent l'homme et son pays peuvent seuls en décider.

En somme, l'impression que j'emportai de cette courte visite, c'est que le pacha de Tanger doit être un des fonctionnaires les plus empêtrés du globe ; avec peu d'autorité, peu d'influence et de force matérielle, il est entouré d'exigences de toute sorte. Constamment tiraillé entre l'Espagne, l'Angleterre, la France et son redoutable sultan, il est bien empêché de ne mécontenter personne, et surtout de plaire à tout le monde. J'aurai l'occasion, plus tard, d'en citer un exemple remarquable.

Dans l'aimable société où je vivais au consulat, se trouvait le commandant de la corvette à vapeur *le Coligny*, alors en station devant Tanger, homme instruit et doué de cette bonne et véritable politesse qu'on rencontre si fréquemment chez le marin, quand on a rompu la glace du premier abord. Notre connaissance, entamée à terre, se cimenta à son bord, où j'allai dîner après ma visite au pacha. Bien m'en prit d'avoir le pied marin, car j'aurais fait peu d'honneur au repas, le mouillage du stationnaire étant fort loin de la ville, et la rade, où le calme règne rarement, étant alors particulièrement agitée.

Au retour, qui eut lieu à une heure avancée, la mer n'était guère plus tranquille qu'au départ. Mais, en compensation, elle brillait de la plus magnifique phosphorescence que j'aie eu occasion de remarquer. Bercé par le mouvement des vagues, en proie à l'espèce de torpeur que procure l'approche de l'heure du sommeil, halluciné par les flammes bleuâtres que six paires d'avirons faisaient, à chaque instant, jaillir autour de nous, je me crus sur le bord de ce fameux bassin qu'un amiral anglais avait eu l'idée bachique de transformer en un immense bol de punch, où chaque convive puisait à discrétion. Par malheur, une lame mal évitée par l'homme du gouvernail m'envoya en pleine figure, et jusque dans la bouche, une aspersion dont l'amertume me rappela bien vite à la réalité.

Quelques instants après, nous arrivions à la porte de la Marine, qui se ferme toujours au coucher du soleil ; mais on avait prévenu du consulat que nous rentrerions tard, et nous trouvâmes la garde sur pied pour nous recevoir avec les précautions d'usage quand il s'agit d'une introduction nocturne d'étrangers dans une place de guerre. Tanger dormait depuis longtemps, et tout était silence et obscurité dans le *souk*, si plein d'animation pendant le jour, car les musulmans prennent la nuit au sérieux ; et on ne rencontre pas chez eux, comme chez nous, des passants sur la voie publique aux heures réputées indues.

Dans la matinée du 11 août, j'avais quitté Tanger, en compagnie de M. Hadjout Pellissier de Raynaud, nommé récemment consul de Djedda, et qui faisait alors, depuis un an, l'intérim de consul général de France. Nous allions visiter le phare actuellement en construction au cap Spartel.

La première partie de la route que nous avons suivie se déploie au pied méridional du Sahel tingitain, dans des plaines faiblement accidentées et, en général, assez nues, sauf dans les environs immédiats de la ville. Ce terrain peut être fertile, mais il n'est certainement point pittoresque : la population y est peu nombreuse; et le très-petit nombre de très-petits villages où elle s'entasse est d'une laideur que font ressortir quelques maisons européennes jetées çà et là, dans cette monotone campagne. Au reste, sol et indigènes ne présentent rien de nouveau à l'œil pour celui qui connaît bien l'Afrique septentrionale; et il est peu d'endroits qui n'éveillent le souvenir de quelque autre entrevu déjà en Tunisie ou dans notre colonie algérienne.

Le paysage ne prend, d'ailleurs, du caractère que lorsque la route, revenant vers le bord de la mer, pénètre dans les collines du littoral. Encore, cette partie de la contrée rappellet-elle le versant nord du Bouzaréa, au-delà de la Pointe-Pescade : même fouillis des mêmes broussailles, même aspect sauvage, mais avec des reliefs de terrain plus vigoureusement accusés. Jadis, les rares individus qui se hasardaient dans cette région déserte et presque inviable, devaient suivre de difficiles sentiers, qui semblaient n'avoir été tracés que par le pied des chèvres et pour elles seules. Aujourd'hui, une route muletière a été ouverte par nos Français du Cap, et elle répond très-amplement au but de sa création.

Nous arrivâmes à notre destination un peu avant l'heure du déjeûner, ayant parcouru une distance à peu près la même que celle qui sépare Alger de Guyotville. Le cap Spartel, où nous nous trouvions alors, est appelé *Ras Chekkar* par les indigènes, du nom d'une grotte située un peu plus à l'Ouest et dont je parlerai bientôt. Nous étions juste à l'angle Nord-Ouest de l'Afrique, au point qui, avec le cap Trafalgar, situé en face, sur la côte espagnole, marque l'entrée occidentale du détroit de Gibraltar. A notre gauche, se développait, dans son immensité, la majestueuse nappe d'eau de l'océan Atlantique. En remontant la côte à l'Ouest, l'œil rencontre le cap Arzila, séparé de Spartel par la plage basse de Jérémias, dont les fréquentes brumes et les décevants effets de mirage trompent cruellement les pauvres navigateurs venant du Sud ou de l'Ouest; ceux-ci prennent trop souvent un cap pour l'autre et croient donner dans le Canal, tandis qu'ils échouent misérablement sur la plage de Jérémias. Ce dernier mot, que je n'ai pas eu l'occasion d'entendre de la bouche des indigènes, me paraît bien être de fabrication européenne. S'il en est ainsi, il faut avouer que le nom du prophète aux lamentations — à qui notre langue doit le mot *Jérémiade* — a été choisi très-judicieusement pour désigner un lieu témoin immémorial de tant de castastrophes nautiques. Lorsque M. L. Jacquet, l'ingénieur français des ponts-et-chaussées chargé de la construction du phare qui s'élève en ce moment au cap Spartel, arriva pour la première fois dans cette solitude, et qu'il voulut en reconnaître les environs, il trouva sur la plage baptisée de ce nom biblique et mélancolique *vingt-trois* cadavres de chrétiens naufragés, auxquels il fit donner la sépulture ; ce fut là son début dans l'œuvre qui l'appelait au Maroc, et ce début en proclamait bien éloquemment la pressante nécessité.

Il y a dans cette belle et utile entreprise un côté vraiment curieux, c'est le concours du sultan Mohammed, qui y contribue de ses deniers, dit-on. Cela paraîtra digne de bien grands éloges à ceux qui savent que ce souverain est très-désintéressé dans la question, puisqu'il n'a pas de marine, et que ses sujets — qui ne font que le cabotage — connaissent trop bien les parages restreints qu'ils fréquentent pour être très-exposés à échouer. D'ailleurs, que font à l'empereur les infortunes de mer de ses rares navigateurs? L'influence européenne, qui devient de plus en plus puissante en ce pays, explique ce phénomène ; celle de la France, en particulier, a joué ici le principal rôle, et elle ne pouvait certes pas être mieux employée.

En somme, Moula Mohammed donne son argent pour éviter des naufrages aux Anglais qui le traitent du haut de leur grandeur, aux Espagnols qui le saignent à blanc, et aux Français qui l'ont si bien battu à Isly. Il est donc permis de douter que ce soit de très-bon cœur; mais qu'importe? pourvu que le bien se réalise. Néanmoins, il faut avouer que la situation de ces pauvres princes musulmans est fort pénible à l'époque où nous vivons. Après tout, c'est une expiation providentielle pour tout le mal que leurs pirates ont fait pendant tant de siècles.

Dans les échecs et les humiliations qu'ils subissent coup sur coup depuis quelque temps, ce qui mérite le plus d'être applaudi, c'est la contribution de guerre que les Espagnols ont infligée au Maroc. Frapper les musulmans à la bourse, c'est les atteindre au cœur. N'ont-ils pas, d'ailleurs, une déplorable habitude qu'il faut, à tout prix, leur faire perdre, celle de ne presque rien consommer et d'enfouir leur argent? C'est-à-dire qu'ils annihilent, autant qu'il est en eux, de puissants moyens de production, ce qui équivaut à diminuer le bien-être des masses. On doit donc songer sérieusement à remettre en circulation tant de capitaux demeurés inertes et stériles, de temps immémorial. On ne devra plus dire après une bataille gagnée sur eux : *Je suis assez riche pour payer ma gloire!* mais on joindra la balance à l'épée de notre ancêtre Brennus (1). Le Maroc respecte beaucoup l'Espagne, et en raison directe des millions qu'il lui a payés déjà ; quand il aura acquitté ce qui reste à solder encore, son respect sera de la vénération.

Mais voici une bien longue parenthèse ; hâtons-nous de la fermer.

Nous avons fait au cap Spartel un déjeûner qui eût été déclaré bon, même en un lieu moins sauvage. Il est vrai que, s'il lui a manqué pour assaisonnement les bains de l'*Eurotas*, il avait été précédé, en revanche, d'un exercice digne,

(1) Nos indigènes de l'Algérie méritent déjà beaucoup moins que dans les premiers temps le reproche que j'adresse ici aux musulmans. Notre contact a augmenté leurs besoins, et le chiffre de leur consommation s'accroît tous les jours.

par sa durée et son énergie, de celui que les Spartiates se donnaient sur les bords de la célèbre rivière. Ce n'était pourtant pas le marché voisin du phare qui avait servi à enrichir le menu de notre repas, car la denrée qui dominait presque exclusivement à ce *souk* champêtre, c'était l'humble fruit que les Barbaresques appellent figue du chrétien, et que les chrétiens, par esprit de contradiction, nomment figue de Barbarie. Les femmes adonnées à ce genre de commerce se montraient à visage découvert, comme toutes les autres femmes bédouines ou kabiles de l'Afrique septentrionale, pour qui le voile n'est de rigueur que dans les villes ou chez les grands personnages. Par malheur, aucune de ces fruitières bibliques n'était ni jolie ni même passable, ce qui n'empêchait pas quelques-uns de nos chrétiens du Cap d'avoir pour elles des regards bien galants. Les malheureux vivent si loin du véritable beau sexe! Quant aux indigènes mâles qui faisaient galerie à ces dames en qualité, sans doute, de pères, frères, maris ou fiancés, ils ne paraissaient pas en prendre d'ombrage. N'y aurait-il plus de More jaloux que dans les œuvres de Shakspeare ?

M. L. Jacquet a eu l'heureuse chance de rencontrer en place et en abondance, dans sa Thébaïde, l'eau, le bois, la pierre, la chaux, le sable et la terre à brique; tous les matériaux à pied d'œuvre. En compensation de cette bonne fortune, il y a trouvé des raffales alternatives des vents d'Ouest et d'Est, qui rendent parfois le travail impossible. Une autre calamité, non moins grande, a pesé sur lui, surtout au début : ce sont les instincts nomades de ses ouvriers musulmans qui abandonnaient trop souvent le chantier du Cap.

Ayant ouï-dire là-bas qu'en principe ces hommes devaient être payés par le trésor marocain, je me suis rendu compte, par analogie, de ces désertions fréquentes.

En général, on observe, dans les pays mahométans, que la paie dûe à une ouvrier indigène par un individu de sa race est d'autant moins assurée que celui-ci est plus puissant, c'est-à-dire plus en état de payer. Si ce système existe au Maroc, je comprends que les maçons musulmans s'enfuient si volontiers. J'ai observé ce genre de désertion, pour la première fois, chez un grand chef, qui avait, il est vrai, perfectionné l'art de faire bâtir gratis. Outre que ses ouvriers ne recevaient de lui ni argent ni nourriture, ils étaient exposés à la bastonnade, s'ils négligeaient une seule fois d'apporter la pitance de la journée. Comme je lui objectais qu'ils étaient suffisamment punis par le jeûne qui en résultait, il me répondit par cette observation triomphante : *Un homme à jeûn ayant moins de force qu'un homme repu, travaille moins. Donc, je suis volé !*

Pour revenir aux désertions du chantier de Spartel, n'oublions pas de mentionner cette autre cause : le sultan a besoin parfois des bons ouvriers marocains formés au Cap, pour les faire travailler dans ses palais ou châteaux ; si ce n'est lui, ce sera un de ses frères ou quelqu'un des siens, lesquels, bien entendu, parleront toujours en son nom. Or, Moula Mohammed, quoiqu'ayant du sang de prophète dans les veines, en sa qualité de Chérif, ne peut pas deviner ce que font, sous son couvert, les intermédiaires nombreux qu'il y a entre lui et l'ingénieur français.

Quoi qu'il en puisse être, les embarras de M. Jacquet sont grands, dans un pays imbu d'idées pareilles à l'endroit de la corvée.

A l'époque où je vis ces travaux, ils s'élevaient d'un peu plus de deux mètres au-dessus du sol; l'œuvre ne laissait rien à désirer comme solidité, régularité et bon goût. Ce serait chose toute simple en Europe; mais, en pareil lieu et avec de semblables éléments, c'est un vrai tour de force. Le monument doit atteindre la hauteur de vingt mètres. Il y avait quinze mois, au moment de ma visite, que l'ingénieur était arrivé à Tanger; mais les préparatifs d'une entreprise de ce genre — surtout en pays barbaresque — demandent beaucoup de temps, quand il faut — comme M. Jacquet a dû le faire — que le constructeur improvise des routes, ouvre des carrières et des sablonnières, qu'il bâtisse des fours à chaux, crée briqueterie, charbonnerie, etc., et que, même, il fasse l'éducation de la plupart de ses ouvriers. Car, à l'exception d'un très-petit nombre de contre-maîtres et de tailleurs de pierre européens, tout son personnel travaillant est indigène. Or, les maçons marocains réputés les meilleurs dans le pays ne pouvaient lui être utiles qu'après avoir subi un nouvel apprentissage; par bonheur, la plupart comprennent facilement et exécutent avec intelligence et docilité.

J'ai trouvé sur ce chantier, parmi les Maugrebins, un de nos kabiles des Beni-Koufi (Jurjura); cet homme, ayant su que j'étais d'Alger, vint à moi avec empressement; car il est à remarquer que nos musulmans algériens, qui ne nous font pas grand accueil chez eux, nous recherchent presque toujours, si nous les rencontrons en pays étrangers. Aussi, à Tunis, j'étais souvent abordé par des Zaouaoua, qui entraient en conversation par un *ana Francès* (moi Français) dont ils semblaient beaucoup s'enorgueillir; même les Maures émigrés d'Alger s'y parent à l'envi du titre de *suddito* ou sujet (sous-entendu *français*). Il est vrai que tout cela s'explique par l'avantage qu'ils recueillent à l'ombre du drapeau national et grâce à la protection consulaire, de ne pas être exposés aux corvées et avanies qui pèsent sur les natifs du pays, de pouvoir voyager gratuitement sur les bateaux à vapeur, etc., etc.

Donc, mon Koufiote, animé du genre de sympathie spéciale que j'ai tâché de faire comprendre, m'exposa complaisamment sa qualité de *Français*..... du Jurjura. Par réciprocité, et pour reconnaître l'empressement de ce compatriote inattendu, je lui vantai ses montagnes, voire même ses institutions démocratiques, ou supposées telles. Mais j'eus la maladresse de nous faire un titre auprès de lui de l'importation parmi eux du suffrage universel.

« Oh ! pour cela, s'écria mon homme, je proteste : vous auriez bien mieux fait de nous laisser nos antiques *Kanoun* (chartes coutumières), où la faculté du vote n'était acquise qu'aux hommes mûrs pour le conseil, aux propriétaires intéressés à l'ordre, aux sages de la nation, en un mot. Maintenant, de par vous, l'imberbe sans expérience, le mendiant sans feu ni lieu, le coquin qui vit aux dépens de tous, ont même droit que l'ancien à barbe blanche, que celui qui tient au sol par les racines solides de la considération publique et de la propriété.

Savez-vous comment on définit la chose dans le Jurjura?

— Ma foi, non, fis-je, et je serais bien aise de l'apprendre.

— Hé bien, on dit chez nous : Tuez un mouton, mettez les intestins d'un côté et la viande de l'autre, de manière que les tas soient à peu près de même grosseur ; et puis vous direz, à la française, que ces parts sont parfaitement égales. Car c'est justement là le système que vous nous avez donné. »

J'avais déjà entendu raconter cet apologue par un officier qui a étudié les Kabiles à la bonne école, c'est-à-dire en vivant parmi eux.

Je fus content, toutefois, de l'entendre de nouveau de la bouche même d'un indigène ; et j'espère que le lecteur ne sera pas fâché, non plus, de le retrouver ici, comme trait de mœurs locales, bien entendu.

Mais les travailleurs du Cap me font négliger ce que j'ai à dire du Cap lui-même. Hâtons-nous d'y revenir.

Du haut de ce Cap, on aperçoit celui de Trafalgar de sinistre mémoire, qui lui fait vis-à-vis. Le nom bizarre de ce promontoire accuse bien une origine arabe : en effet, si l'on sépare les trois éléments qui le composent, on a *Traf-al-Gar*, dans lesquels on retrouve sans peine les mots *Tarf-el-Ghar*, ou le cap de la Grotte. Ceux qui connaissent la localité peuvent dire s'il existe quelque caverne qui justifie cette étymologie, que j'emprunte à mon collègue de la commission scientifique, M. Renou. (Voyez *Description géographique de l'Empire du Maroc*, page 295).

N'oublions pas d'accorder, au moins, une mention, pour mémoire, aux ruines romaines du cap Spartel, bien qu'elles soient assez peu importantes comme étendue, qu'elles semblent appartenir à une basse époque, et qu'elles soient trop mal conservées pour offrir aucun de ces traits caractéristiques qui permettent de hasarder une attribution.

Mais Spartel est plus remarquable, dans le présent, par les beautés d'un site sauvage que par ses quelques ruines insignifiantes, qui n'annoncent pas un passé bien brillant. C'est quand l'homme l'a eu de nouveau abandonné, laissant derrière lui ses constructions mesquines, que la nature, en reprenant possession, lui a restitué son cachet primitif Les pierres romaines n'y sont plus qu'un accessoire dans le paysage, et servent seulement à marquer combien l'œuvre de l'homme est faible et éphémère devant celle de Dieu.

Grâce à ce retour à l'état sauvage, Spartel est un amphithéâtre admirablement approprié à la contemplation de cette grande mer, dont l'immensité a défendu, pendant si longtemps, l'accès du monde austral, et de cette autre mer, petite par l'étendue, mais si vaste par son histoire, qui est en train de redevenir le lac des nations civilisées, comme elle l'était avant la découverte du cap de Bonne-Espérance.

Entre les grandes roches bizarrement taillées et entassées par des cataclysmes successifs, au milieu du désert de broussailles qui dérobent jusqu'à la vue des rares sentiers qui y serpentent, on se sent bien placé pour étudier un des plus magnifiques panoramas qu'on puisse imaginer, un des plus féconds en grands souvenirs de toute nature.

A l'occident du cap Spartel, et en doublant l'angle nord-ouest de l'Afrique, on trouve que le pays change subitement d'aspect sans cesser d'être moins sauvage : dès qu'on tourne le dos au phare Jacquet pour aller visiter la grotte de Chekkar, la végétation arborescente diminue graduellement, puis, à son tour, disparaît ; et le sable seul se montrant au regard, on peut se croire en plein Sahara. Nous étions, il est vrai, sur la grève atlantique ; mais, au-delà même de cette grève, le terrain arénacé empiète beaucoup sur l'intérieur du pays. En ondulant, non sans peine, d'une dune à l'autre,

je pensais au conquérant arabe, Sidi-Okba, qui était arrivé jusque-là au VIIe siècle, et dont nous foulions peut-être la trace : comme lui, nous fîmes entrer dans la mer nos chevaux tout haletants d'une température tropicale, afin de les rafraîchir un peu. Qui sait si ce n'était pas à l'endroit même où le général musulman, ayant atteint le *nec plus ultrà* de sa grande entreprise, adressa au Très-Haut cette célèbre allocution : « Dieu tout-puissant, vous êtes té-
» moin que j'ai été aussi loin que j'ai pu pour
» faire triompher la gloire de votre saint nom,
» et que, si je m'arrête ici, c'est que cette mer
» immense qui gronde devant moi m'oppose
» un obstacle invincible. »

Nous atteignîmes bientôt une petite crique formée par l'embouchure d'un torrent. C'est là que M. Jacquet découvrit et fit enterrer les vingt-trois naufragés dont j'ai parlé plus haut. Non loin de cet endroit funèbre, surgit, du milieu de la grève, un groupe de rochers dont la mer bat incessamment la face occidentale. C'était l'emplacement de la grotte Chekkar. Comme j'y pénétrai un peu avant mes compagnons de voyage, des chauves-souris effarouchées s'échappèrent en grand nombre par l'étroite ouverture qui m'avait donné accès ; et je fus caressé au passage par leurs ailes un peu plus que je l'aurais désiré. En même temps, des pigeons s'envolaient par l'ouverture opposée qui donne sur le rivage. Quand le nuage des oiseaux nocturnes ou autres se fut dissipé et que je pus examiner librement les lieux, je me trouvai dans une caverne de forme très-irrégulière et de médiocre grandeur, recevant surtout le jour, et en quantité suffisante, par le côté de la mer sur laquelle elle s'ouvrait largement. Cependant, les nombreuses anfractuosités qui en accidentent les parois ne participent pas complètement à cette clarté relative ; et, dans l'une des plus obscures, je me butai contre une espèce de fantôme presque nu, à la longue barbe blanche, à la tête chauve, que je surpris le fer à la main.

Heureusement, il se trouva que ce fer était une innocente pioche avec laquelle le prétendu fantôme taillait dans le roc des meules de moulins à bras pour les femmes arabes. Comme cela arrive si souvent, le fantastique examiné de près se trouvait être une vulgaire réalité. Le vieillard ne fut pas moins étonné de voir éclipsé par mon corps le faible rayon lumineux qui éclairait son trou, que je l'avais été moi-même de le trouver là en pareille tenue. Par les traces nombreuses qu'on remarquait dans la grotte et au dehors, il était facile de constater que l'industrie du bonhomme peu vêtu était ancienne et fort étendue.

Le géologue qui visitera la grotte de Chekkar y rencontrera une autre espèce d'intérêt dans les divers coquillages fossiles qu'on y remarque. Ces témoins du grand cataclysme sont, en général, des huîtres et des peignes ; ils n'ont pas dû se déposer dans une eau tranquille, car ils ne se présentent qu'à l'état de fragments assez menus.

Partis du littoral nord du Maroc le matin, nous avions dans l'après-midi atteint le rivage occidental et vu ainsi en quelques heures deux côtes et deux mers; c'était assez bien employer son temps. Le soleil, qui s'abaissait beaucoup sur l'horizon, donna le signal du retour ; nous tournâmes donc nos montures du côté de l'Est.

Contrairement à notre premier itinéraire qui avait commencé en plaine et fini dans la montagne, nous n'abordâmes le Sahel qu'en approchant de Tanger où nous arrivâmes par le plateau de la Casba. Cela nous amena à passer devant la maison de campagne du consul anglais, à côté de quelques sépultures creusées dans le roc qui paraissent avoir une origine antique.

Je m'aperçois que j'ai conduit le lecteur en dehors de Tanger sans lui avoir donné la description préalable de cette ville; après tout, l'omission, ne fût-elle pas réparable, serait assez peu grave, car la cité tingitane ne se distingue ni par son étendue, ni par sa population, ni par ses constructions publiques ou privées. Cependant, telle qu'elle est, un touriste de la bonne école, celle à laquelle je me pique d'appartenir, ne saurait se dispenser d'en dire quelque chose. Je reprends donc la question *ab ovo* et vous ramène à la marine.

Voilà précisément devant nous le fort *Chacho*, la principale défense du front maritime ; entrons-y un instant. Rien qu'en l'examinant du dehors, nous avons constaté ce cachet de décadence qui apparaît là-bas sur toutes les constructions publiques. Il est bien autrement marqué au-dedans ! Je cherchai d'abord, mais en vain, le gardien de cette forteresse qui fait l'orgueil de Tanger ; il était introuvable et la porte semblait fermée. J'allais renoncer à l'entreprise, lorsqu'un pêcheur, qui passait par là, voyant mon embarras, glissa le bras dans les intervalles de l'espèce de claire-voie qui servait de clôture et trouva moyen de me donner accès dans la citadelle. Il consentit même à m'y suivre pour attester au besoin que je m'y étais introduit ni par effraction ni par escalade.

Cette crainte était vaine, car, dans le cours de ma visite au fort, ayant découvert le gardien occupé à rôtir quelques sardines sur des charbons peu ardents, le bonhomme, absorbé sans doute dans sa laborieuse besogne culinaire, parut à peine s'apercevoir qu'un chrétien avait pénétré dans la place et ne songea nullement à s'enquérir du procédé par lequel l'intrusion avait eu lieu.

Après notre entrée un peu irrégulière, nous avions gravi quelques marches pour arriver à une plate-forme armée....à la marocaine ! Jamais cahos militaire semblable ne s'était offert à mes yeux : pièces en fer ou en bronze, gisant à terre ou montées ; pour compenser les pièces sans affûts, force affûts sans canons. Çà et là, des tas inégaux de boulets de tous les calibres, dont un grand nombre rudement écaillés, comme s'ils eussent subi des effets de carambolage dans une canonnade à deux parties. Puis, pour mieux faire ressortir le désordre général, quelques magnifiques pièces en bronze, artistement sculptées, s'allongeaient avec coquetterie sur de beaux affûts anglais en fer. Parmi ces dernières, il s'en trouvait une sur le tourillon de laquelle je lus avec une émotion que j'expliquerai tout à l'heure :

JAN VERBRUGGEN ME FECIT ENCHUSAE A° 1753.

au-dessous de cette légende, était gravé en portugais :

SENDO TEN^{e} GEN^{al} MAN^{el} GOMES DE CARV^{o} SILVA

Puis, au-dessous encore, les armes de Portugal surmontant le nom du souverain, *Joseph* 1er.

Ce qui voulait dire : *Jean Verbruggen m'a fait à Enchusen* (1) *dans l'année* 1753, *étant lieutenant-général Manoel Gomes de Carvalho Silva, et sous Joseph* 1er.

Je retrouvais là, avec sa véritable forme néerlandaise, le nom de ma famille, qu'une bonne grand'mère a cru franciser jadis, en changeant la première et la dernière lettre ; c'était à l'époque où le tribunal révolutionnaire tenait pour suspect d'être agent de Cobourg quiconque

(1) Enchusen est une petite ville de Hollande où il y a une fonderie de canons. V. d'ailleurs, sur Jean Verbruggen, la *Revue Africaine*, t. 4e p. 66, 159.

portait un nom tant soit peu germanique. On se débaptiserait à moins !

Le poëte belge *Van den Bussch*, qui s'établit en France sous Charles IX, a fait plus encore et avec moins de nécessité, lorsque procédant par voie de traduction approximative, il transforma son nom en celui de *Sylvain*. Si l'on avait pris cette licence avec le nôtre, je m'appellerais *Dupont* et n'aurais jamais reconnu dès lors un ancêtre dans le Jean Verbruggen qui fondit le canon de Tanger, outre quelques autres qu'on voit dans les vieilles batteries d'Alger. Un Hollandais de nos jours reconnaîtrait plus facilement dans les *De Vanolles* de France, les descendants de leur célèbre et opulent financier Van Holl. *Habent sua fata.... Nomina* !....

En descendant du fort Chacho, je remarquai une animation insolite sur la plage qui s'étend au-dessous. Un grand nombre de portefaix juifs pliaient sous des moitiés de bœufs ou de moutons entiers tués fraîchement : d'autres disparaissaient presque sous de gigantesques cylindres en osier, dont la forme rappelle celle de nos anciens séchoirs de ménage. C'étaient des espèces de cages où l'on entasse, dans toutes les positions imaginables, une multitude de poules et de poulets vivants, sans nul souci de la gêne et des souffrances qui peuvent en résulter pour ces pauvres volatiles. Les sociétés protectrices des animaux, de la Grande-Bretagne, n'ont donc pas de correspondant à Gibraltar !

Car cette masse de viande, morte ou sur pied, était à destination de Gibraltar. Tous les deux jours, un petit bateau à vapeur en vient prendre un chargement, la garnison anglaise ayant sa boucherie à Tanger où la viande ne coûte que 15 centimes la livre et où les poules sont proportionnellement à aussi bon compte. Mais, dira-t-on, pourquoi Gibraltar, qui est en Espagne, ne s'approvisionne-t-il pas en Espagne, au lieu d'aller, *cum periculo maris*, chercher presque journellement ses vivres à 35 kilomètres de là ? L'Espagne ne voudrait-elle pas vendre, ou vendrait-elle trop cher ? Ce qui est certain, c'est qu'à l'époque du voyage de Lemprière

(1789), Tanger faisait déjà ces sortes de fournitures.

La première chose qui attire les regards — après la trinité douanière dont j'ai entretenu plus haut le lecteur — ce sont deux très-grands futs de colonne de marbre veiné qui gisent au pied d'une muraille. On prétend qu'ils proviennent des ruines du vieux Tanger ; ils paraissent d'ailleurs d'origine antique.

Je me repens d'avoir dit en les apercevant — pour rire, bien entendu, quoique sans rire — que c'étaient les fameuses colonnes d'Hercule, dont ce sont tant occupés les mythographes, les poëtes et même aussi un peu les historiens. Car on m'écrit de Tanger que cette mauvaise plaisanterie a fait son chemin et que même, prenant en route un masque sérieux, elle a trompé la candeur de certain correspondant d'une revue étrangère, lequel prépare un grand mémoire sur la question.

Je saisis cette occasion de m'en laver solennellement les mains et de déclarer que si j'ai donné à mon travail le titre de *Colonnes d'Her-*

cule, ce n'est certes pas à cause de celles-là.

La rue principale, dont il a été question plus haut, renferme, en fait d'édifices, la Grande Mosquée, belle construction, où l'on remarque des mosaïques faites avec ces petits carraux émaillés, dont j'ai parlé à propos de la Casba. C'est un monument, à la rigueur, mais on n'en peut dire autant des maisons consulaires qui bordent cette voie. Cependant, celle qui fut autre-fois le consulat de France et qui en conserve encore la chancellerie, outre un officine de pharmacien, possède de beaux plafonds qui malheureusement tombent en ruine, comme le reste. Son principal mérite, d'ailleurs, est d'éveiller le souvenir d'un des héros martyrs de l'exploration africaine. Assis sur l'estrade en maçonnerie qui est auprès de la grande entrée, on cherche devant soi la place où se tint Réné-Caillé, lorsque parvenu au terme de son périlleux voyage, il attendait l'occasion de pénétrer dans le consulat de France, ce vestibule du sol de la patrie.

S'étudiant à ne pas éveiller les soupçons

des Indigènes qui le croyaient un derviche musulman, il était là, revêtu de haillons arabes, amaigri par la fatigue et les privations, adressant des regards suppliants au jeune fils de notre consul, à M. H. Delaporte, aujourd'hui chef du bureau arabe départemental à Alger. Un éclair de bonheur illumine son visage, car l'enfant a compris sa muette sollicitation, et il s'est précipité dans le consulat pour aller avertir son père. Un instant après, le courageux voyageur, le premier européen qui ait vu Tombouctou et en soit revenu, était dans un asile sûr, et l'hospitalité paternelle de l'excellent homme, qui représentait alors notre pays à Tanger, lui faisait oublier tous les dangers et toutes les misères qu'il venait de subir.

La rue principale qui m'a conduit à cette digression débouche en haut dans la campagne, par *Bab es-Souk*, sur l'emplacement d'un marché et tout près du beau jardin de Suède, qu'on désigne à l'étranger comme la promenade des Européens, bien qu'aux différentes visites que j'y ai faites, je n'aie jamais vu d'autre promeneur que moi-même. Quant à la place du Marché, on ne l'accusera pas d'être déserte. Outre qu'elle est le lieu de passage de tout ce qui entre en ville ou qui en sort — ce que fut jadis à Alger l'ancienne porte Babazoun — elle est animée par toute sorte de scènes foraines, quand elle ne l'est point par l'achat et la vente. Saltimbanques, prestidigitateurs, *tolba* débitant des amulettes ou hurlant des cantiques, tous les charlatans du crû s'y sont donné rendez-vous ; et leur impudence n'a d'égale que la crédulité des dupes qui leur font galerie.

Maintenant, rentrons en ville par la porte que nous n'avons franchie un instant que pour jeter un coup-d'œil rapide au-dehors ; nous trouvons aussitôt à gauche une rue, ou plutôt un chemin de ronde intra-murôs, qui serpente entre le rempart supérieur et une rangée de maisons, C'est après *Souk el Kebir*, l'artère la plus fréquentée. Le nouveau consulat général de France (ancien consulat de Danemark), y déploie sa façade occidentale. Semblable aux autres bâtiments consulaires de Tanger, il m'a rappelé le palais des gouverneurs de la compagnie royale d'Afrique, à la Calle, palais que j'ai habité momentanément en 1840, avant les changements qui en ont altéré le plan primitif.

Ce plan est au reste celui des grands hôtels du dernier siècle, moins le luxe architectural: mêmes pièces aux dimensions disproportionnées avec leur destination ; même distribution confuse et incommode; mêmes dégagements nombreux mais mal motivés, difficiles à découvrir, et, sous ce rapport, éveillant jusqu'à un certain point le souvenir des labyrinthes. Malgré leur faux air de grandeur, ces bâtiments ne sont après tout que des espèces de casernes où le problème d'employer beaucoup de place pour mal loger peu de monde a été résolu avec assez de succès.

Je me rappelle surtout dans le palais de la Calle, que je leur compare, une de ces vastes pièces que le plus ardent foyer ne saurait échauffer en hiver. Elle donnait si peu l'idée d'un intérieur proprement dit, que mon compagnon de voyage, le naturaliste Levaillant, se croyant au bivouac, y cherchait de l'œil un endroit où planter sa tente; quand il nous arrivait du dehors le bruit d'une de ces bonnes averses de novembre — mois où nous étions alors — il était tenté, disait-il, d'ouvrir son parapluie. Je le comprenais d'autant mieux, que notre immense plafond grisâtre pouvait très-bien, avec une imagination complaisante et une vue un peu basse, se confondre avec le ciel gris d'un temps pluvieux.

Le chemin de ronde intérieur, où se trouve notre consulat, est surtout fréquenté par les Indigènes, tandis que dans le *souk* principal et ses affluents d'en bas, les Européens se montrent en assez grand nombre, non-seulement comme simples passants, mais comme gens établis, ayant boutique sur rue. De ma chambre, la vue plongeait sur la première de ces voies, d'une hauteur assez grande pour échapper aux regards de la foule qui circulait au-dessous, mais pas assez cependant pour que je ne pusse pas l'apercevoir très-distinctement.

Dès l'aube, j'étais à cet intéressant observatoire et j'y retournais à l'heure de la sieste, employant à étudier les musulmanes de Tanger le temps que la plupart de mes coreligionnaires d'Afrique aiment à consacrer au sommeil.

Constatons d'abord que celles-ci marchent d'habitude à visage découvert ; mais, si quelque individu mâle se montre à distance, elles ramènent vivement les deux pans antérieurs du haïk sur la figure, de manière à ne laisser apercevoir que juste le globe de l'œil. De là, le nom de *Bou Aouina* (qui risque un bout d'œil) donné aux femmes qui pratiquent ce système, c'est-à-dire à la plupart de celles des musulmanes de l'Afrique du nord qui ne se laissent point voir par les hommes. Le voile proprement dit (*eudjar*) ne se porte guère chez les barbaresques qu'à Tunis où il est noir, et à Alger où il est blanc.

Mes Tingitanes n'avaient jamais le nez en l'air, étant forcées de regarder constamment devant elles, afin de se couvrir à propos, dès que le moindre échantillon du vilain sexe se montrait sur la voie publique. J'en profitais sans scrupule pour les examiner tout à l'aise ; j'ai pu en observer ainsi quelques centaines, surtout les groupes de causeuses qui s'arrêtaient parfois sous ma fenêtre, comme pour poser dans l'intérêt de ma curiosité indiscrète, me donnant plus de temps qu'il n'en aurait fallu au moins actif des employés aux passeports pour prendre les signalements les plus compliqués et les plus munitieux.

Hé bien, je le dis à regret — vu la galanterie gauloise, mais en conscience — attendu la loyauté française : — je n'ai pas eu le bonheur d'apercevoir parmi elles une seule femme vraiment belle ou même tout-à-fait jolie. Cependant — circonstance atténuante — presque toutes ont des dents superbes et un assez grand nombre possèdent des yeux magnifiques. Quant aux cheveux, leur manière de se couvrir la tête ne permet pas de décider si elles en ont peu ou beaucoup, s'ils sont beaux ou laids.

Les vrais connaisseurs diront qu'avec de beaux yeux une femme est toujours belle. Certes, lorsque les yeux, ce miroir de l'âme, reflètent les attraits mystérieux de l'être moral, on ne trouvera jamais laide la femme chez laquelle se manifeste cet heureux don du ciel. Mais ces lueurs subites, jaillissant du for intérieur pour illuminer le regard, ne brillent guère qu'aux heures où la passion éclate ; et pouvais-je les surprendre chez ces braves Marocaines qui glissaient devant moi, n'ayant probablement pas d'autre préoccupation que celle de vendre cher et d'acheter à bon marché ? Je suis en droit de le supposer, puisque chaque fois qu'il m'est arrivé de surprendre un lambeau de leurs conversations — celles des hommes comme les leurs, du reste — il s'y trouvait toujours quelque nom de nombre cardinal accolé à n'importe quelle expression monétaire qui venait me déceler aussitôt la présence d'une pensée mercantile. Il a donc fallu se borner aux études purement plastiques.

J'ai dit au début que Tanger est assis sur deux pentes placées en regard : la population musulmane habite surtout le versant exposé au sud, au-dessous de la Casba et au nord du ravin qui coupe la ville en deux parties; les Européens et les Juifs sont sur la contre-pente. En somme, les trois races réunies font à peine un total de douze mille âmes, chiffre dans lequel les musulmans ne figurent peut-être pas pour un quart.

Ce qui frappe immédiatement le voyageur á Tanger, c'est l'assurance des israélites et l'air de supériorité des chrétiens. Les *moumenin*, ou fidèles croyants, au contraire, sont exempts des allures superbes et insolentes qu'ils ont partout ailleurs dans leurs rapports avec tout individu étranger à l'islam. On dirait presque qu'ils ne sont pas chez eux; et sans la rencontre accidentelle de quelque fier kabile du Rif ou d'un noble cavalier impérial à la rouge chachia pointue, on se croirait dans une ville plus complètement soumise aux Européens qu'Alger ne l'est lui même. Cela s'explique quant aux Juifs qui ont toujours été mieux traités à Tanger par les musulmans qu'en aucun autre pays régi par la loi de Mahomet. En ce qui concerne les chrétiens, les défaites graves et nombreuses que leurs armes ont infligées depuis quelques temps aux Marocains, rendent parfaitement compte de leurs airs dominateurs vis à vis de ces derniers.

Une circonstance récente a mis particulièrement en relief cette nouvelle situation politique. Je la raconterai en peu de mots et d'autant plus volontiers que le mystérieux combat naval livré un soir devant St-Eugène entre deux bateaux à vapeur, dont l'un a passé pour être le corsaire confédéré le *Sumter*, me garantit un intérêt de curiosité spéciale de la part de nos Algériens pour les personnages dont je vais avoir à parler.

Rappelons d'abord que les hostilités entre le Sud et le Nord de l'Amérique ont commencé le 12 avril 1861 par la prise du fort *Sumter*. De ce premier fait d'armes des confédérés, leur premier corsaire a pris son nom.

Lors de mes deux visites à Gibraltar, je l'ai vu ce fameux corsaire, ce terrible *Sumter* tristement amarré au fond de la baie et abandonné de son équipage. Son plumage ne répondait guère au redoutable ramage qu'il avait fait entendre à ses débuts et contrastait singulièrement avec l'idée qu'on se fait de l'écumeur de mer classique qu'on aime à supposer léger, sombre et foudroyant. Ses allures bourgeoises l'auraient plutôt fait confondre avec ces honnêtes bateaux de rivière qui ont trop longtemps accompli le service des couriers entre Alger et Toulon, avec les anté-diluviens *cent soixante* qui ne marchaient guère, mais qui tanguaient beaucoup et roulaient encore davantage. Il est vrai qu'avec cet air paterne, le *Sumter* n'en trompait que mieux la marine marchande de l'Union.

A Gibraltar, je n'ai rien appris de bien intéressant sur le navire fantastique qui a donné le spectacle inattendu d'un duel à coup de canon à la banlieue maritime d'Alger. J'ai dû me borner à contempler sa mélancolique silhouette se découpant en noir sur le rivage espagnol. Mais, en revanche, à Tanger les récits abondaient sur son compte. Je choisis dans le nombre celui qu'on pourra le moins taxer de digression, attendu qu'il aide à comprendre — comme je l'insinuais tout à l'heure — l'état politique actuel du Maroc, dans ses relations extérieures.

Dans le moment où les exploits du *Sumter* occupaient l'attention publique depuis l'Atlantique jusque dans le milieu du bassin occidental de la Méditerranée, on vit tout-à-coup débarquer à Tanger le commissaire de ce navire et un médécin séparatiste qui l'accompagnait. Le consul des États-Unis d'Amérique crut devoir les faire arrêter tous les deux et les mettre aux fers chez lui, en vertu de certain droit d'extradition réciproque garanti par les traités subsistant entre les deux nations. Cette mesure excita une grande émotion dans la population européenne qui pensait avec raison que le droit dans cette circonstance n'était nullement applicable à des faits purement politiques.

Les prisonniers s'adressèrent aussitôt à notre

consul qui se décida à aller les visiter, ne sachant pas si leur appel ne se fondait point sur quelque motif légitime. Arrivé jusqu'à eux, non sans peine, car le représentant des États-Unis n'y avait consenti qu'avec répugnance, il acquit promptement la conviction qu'il lui était impossible d'intervenir dans cette affaire comme personnage officiel, quelle que fût d'ailleurs son opinion comme homme sur le caractère de l'arrestation.

Il est évident en effet que si une démarche pouvait être tentée dans cette circonstance, elle ne devait l'être que par le corps consulaire agissant collectivement auprès du ministre marocain. En tous cas, ce n'était pas notre représentant, élève consul de vingt-sept ans et intérimaire, qui pouvait en prendre l'initiative, lorsque des titulaires à cheveux blancs se tenaient sur la réserve.

La difficulté faillit se résoudre par une évasion. Au moyen de limes qu'une des nombreuses personnes sympathiques à leur position leur avait fait passer, le commissaire du *Sumter* et son compagnon brisèrent leurs chaînes. Le premier qui se trouva libre, sans attendre l'autre, sauta sur la terrasse d'une maison voisine habitée par des musulmans. Les femmes en apercevant ce Roumi qui leur tombait du ciel poussèrent de tels cris que tout le quartier fut bientôt en émoi. Le consul américain, averti par la clameur publique, rattrapa bientôt le prisonnier évadé et empêcha l'autre de suivre ses traces.

Mais, à mesure que les choses se compliquaient, l'émotion des Européens allait croissant, à tel point que l'on craignit qu'elle dégénérât en une émeute. Le consul d'Amérique fit alors descendre à terre des soldats de marine d'un navire de guerre de l'Union qui se trouvait en rade et requit en même temps la garde du pacha d'avoir à lui prêter main-forte. Avec cette double escorte, il put conduire ses prisonniers à bord.

Si ce dénouement eut lieu sans lutte, c'est qu'on était parvenu à faire entendre raison aux Européens, notamment à nos Français qui écoutèrent les premiers les sages avis du représentant de leur nation.

Quant au brave pacha, pour qui la question du Sud et du Nord était lettre close, il ne savait auquel entendre: tiraillé entre l'Union et la Désunion, sollicité par les uns de faire ceci et par les autres de ne point faire cela, il faillit en perdre l'esprit. Surtout, quand il vit les chrétiens de l'endroit irrités au point de courir presque aux armes et qu'il entrevit la possibilité d'une collision entre sa valeureuse garde et ces enragés de roumis. On dit qu'il ne s'est jamais vu soumis à une plus rude épreuve.

Le dénouement diplomatique de cette étrange affaire donna parfaitement raison à ceux qui blâmaient la conduite du consul d'Amérique et il fut en même temps une éclatante justification des personnes honorables que ce ministre avait eu le tort de soupçonner de connivence avec l'espèce d'émeute dont on vient de parler.

D'abord, à leur arrivée à New-York, les deux

prisonniers séparatistes furent mis en liberté immédiate. Puis, le consul d'Amérique à Tanger fut en même temps rappelé de son poste.

D'un autre côté, M. Hadjout Pellissier vient d'être nommé consul à Djedda, le ministre abrégeant pour lui le temps de stage imposé aux élèves-consuls.

Ces faits parlent éloquemment d'eux-mêmes et dispensent de tout commentaire.

Je consacrai les journées des 12, 13 et 14 août à des excursions que je comprendrai toutes dans un même itinéraire; car, se rattachant l'une à l'autre, elles décrivent un demi-cercle continu en dehors et à quelque distance de Tanger, devant les faces ouest, sud et est de la place.

Lors de ma première course, le rendez-vous était à un café indigène situé dans un assez joli jardin, aux portes mêmes de la cité. Au lieu de *café*, je devrais dire *tea garden*, ces sortes d'établissements — où il se consomme beaucoup de thé — étant une des nombreuses traces de l'influence anglaise au Maroc. Mais, comme si les deux liqueurs n'étaient pas destinées à réussir sur le même terrain et que l'une doive être mauvaise là où l'autre est bonne, on nous servit un café détestable. C'était le vrai *cafiot* de la Flandre, ou -- pis encore — le fade liquide des *coffee-house* de Londres.

Je quittai ce lieu champêtre pour aller visiter l'aqueduc dit Romain, à *Oued el-Ihoud* (rivière des Juifs) ; de là, je descendis vers la campagne du consul de Portugal qui a fait une pacifique ferme de la forteresse que ses compatriotes des XVIe et XVIIe siècles ont défendue plus d'une fois au prix de leur sang. J'étais là, dans le canton que M. Graberg d'Hemso qualifie de *bella pianura di scioani ossi dei pozzi* ; c'est-à-dire « la belle plaine des *souani* ou puits noria. » Si l'on prend le mot *belle* dans un sens relatif, et par comparaison avec les terrains fort laids qui sont dans le voisinage, le compliment peut passer à la rigueur. En effet, en continuant cette route pour arriver au pont appelé Romain, et au vieux Tanger, on traverse un désert en miniature et de la pire espèce, car il n'est que de sable. Le vent y soulève, au grand détriment des yeux du voyageur, une poussière de quartz et de feldspath mêlée à des débris de coquillages antédiluviens finement concassés; et le seul terrain un peu solide qu'on y remarque se compose de bancs de marne calcaire formés récemment par une agglomération de sable avec des fragments fossiles et des substances animales.

Au-delà de ce téchantillon de Sahara, on atteint le vieux pont dont un fragment subsiste sur la rivière de Tanger, qui est à cette ville ce que l'Harrache est à Alger, sauf la distance qui est moindre. Il paraît s'être beaucoup dégradé depuis un siècle, si l'on s'en raporte au témoignage de Lemprière qui disait en 1789 : « Le milieu (de ce pont) en est » seulement détruit et il ne paraît point que » ce soit par le laps de temps. Il est plus » probable que les Maures l'ont coupé ainsi pour » faire entrer les vaisseaux dans la rivière. » Les côtés qui sont encore debout sont bien » conservés. L'épaisseur et la solidité de ce

» qui en reste prouve la bonté des ouvrages » des Anciens » (*Voyage*, etc., p. 9).

Aujourd'hui, il ne subsiste précisément que la partie moyenne, une arche isolée au milieu de la rivière, ce qui contredit la description qu'on vient de lire. Au reste, la marée qui était haute lors de mon passage et refoulait le fleuve en inondant ses rives ne m'a pas permis d'examiner cette ruine d'assez près. D'ailleurs, la belle photographie faite par M. Alary donne le moyen de l'étudier tout à son aise et partout. Avec un peu d'attention, on y découvre que la forme ogivale de cette arche ne favorise pas son attribution à l'époque romaine. Mais j'oublie que j'ai promis d'éviter toute question technique.

A quelque distance de là et en continuant à marcher dans l'Est, on atteint le vieux Tanger. A défaut d'une grande ville proprement dite, on y observe quelques ruines de rempart, darse, pont, etc., qui annoncent au moins un centre de certaine importance. Quant à dater ces monuments d'une époque antérieure à l'arrivée des Phéniciens sur ce littoral — comme le fait M. Graberg d'Hemso — c'est une grande témérité archéologique que leur mode de construction ne justifie guère. On doit en laisser prudemment toute la responsabilité à son auteur (V. *Specchio*, etc., p. 38).

Adossés aux fragments de murailles mutilées et aux massifs informes d'anciennes maçonneries, de nombreux gourbis de sauniers animent une petite vallée verdoyante qui est presque barrée par les vestiges principaux à son débouché sur le littoral. Les autres ruines se rencontrent au sommet d'une colline qui domine du côté de l'ouest. De nombreux tas de sel d'une éclatante blancheur signalent de loin le genre d'industrie des habitants qui tirent ainsi parti du mélange des eaux de Oued-el-Heulk avec celles que chaque marée amène.

On voit que, fidèle à la promesse faite au début de ce travail, je passe rapidement à côté de chaque question scientifique, cherchant plutôt à l'indiquer qu'à la résoudre. Cela est nécessaire pour que, contrairement à l'usage,

mon programme soit une vérité ; et puis, n'ayant vu qu'en passant, la prudence exige que je n'entreprenne pas de trancher certaines questions qui ont été laissées en suspens par des hommes très-capables qui avaient eu sur moi l'avantage d'observer les faits souvent et à loisir.

Il fallait bien se hâter et observer en courant partout où il y avait quelque chose d'intéressant à voir, car d'un instant à l'autre le *Phénix* pouvait montrer sa blanche coque en deçà du cap Trafalgar et je devais toujours être prêt à m'y embarquer.

Tout en explorant les environs de Tanger sans perdre la mer de vue, afin de suppléer par mes propres yeux à l'absence de toute espèce de vigie — une des nombreuses choses indispensables dont on se dispense là-bas, — j'avais atteint la journée solennelle du 15 août.

Le jour de la fête du souverain est, sur la terre étrangère, une des rares occasions qu'un Français dépaysé puisse avoir d'affirmer sa nationalité aux yeux des autres peuples; dans les contrées mahométanes, il affirme en même temps ses croyances religieuses et sa civilisation. Ce sentiment, dont bien peu se rendent compte, mais que la masse éprouve d'instinct, fait que cette solennité, si humblement qu'on l'y célèbre, est pourtant plus émouvante que sur le sol de la patrie. On se sent plus français, plus chrétien, plus homme de progrès, quand, au-delà de sa frontière, on se trouve face à face avec l'islamisme et avec la barbarie, sa compagne en ce jour mais non pour toujours, Dieu merci !

Le matin de cet anniversaire, Abd er-Rahman, le jeune Maure qui faisait notre ménage et nous servait à table, m'apparut dans un costume éblouissant de fraîcheur. Les caïds, ou cavaliers du consulat, avaient également fait toilette et leur chachïas monumentales semblaient plus hautes, plus rouges et plus pointues que jamais. Elles me rappelaient certaine coupole d'un marabout de Cairouan dont le profil original m'avait paru jadis mériter les honneurs d'une esquisse. Par toute la maison, chacun était affairé : je ne rencontrais que gens se faisant la barbe ou dépliant avec précaution des costumes étincelant de broderies et de décorations. La vue de toutes ces splendeurs ramena tristement mes pensées sur ma pauvre garde-robe de voyageur : paletot gris, chapeau de paille, souliers de toile et le reste à l'avenant, quelle piètre tenue pour une si grande fête officielle ! Heureusement, on avait été plus prévoyant que moi à Alger ; et je m'en aperçus en découvrant au plus profond de ma malle, certain laid, mais classique habit noir que je n'y soupçonnais guères. Je pouvais, dès lors, me présenter décemment à la cérémonie.

Enfin l'heure du *Te Deum* a sonné, chacun est à son poste et le cortége se forme. Le représentant de la France marche en tête, ayant auprès de lui le chancelier, le premier drogman, le médecin attaché à la légation, le commandant de la station navale, avec son corps d'officiers, puis l'Ingénieur du cap Spartel, et les Français établis dans la ville et au dehors.

Enhardi par mon habit noir, je prends place sur le flanc de la colonne, à l'alignement des autorités. Sur nos pas, se presse le personnel subalterne du consulat que serre de près la foule confuse des protégés, juifs indigènes qui se montrent très-fiers de parader à l'ombre de notre drapeau.

Nous arrivons dans cet ordre à l'église, c'est-à-dire à une très-petite chapelle du consulat général d'Espagne, desservie par des capucins de cette nation. L'officiant n'était pas encore prêt : de ma place, je le voyais s'habillant à la hâte avec l'aide de deux autres pères ; car la petite sacristie, qu'ils remplissaient presque à eux trois, n'avait pas de porte, ou, du moins, la nécessité de respirer et surtout d'étendre les bras pour passer de très-longues manches obligeait de la tenir ouverte.

Cette étude de toilette ne m'empêchait pas de noter dans ma mémoire les détails de l'ameublement et de l'ornementation de la chapelle. Par exemple, au-dessus et sur les côtés de l'autel scintillaient une multitude de petits miroirs et brillaient les cadres d'innombrables et très-médiocres images. Je signale comme contraste un tableau principal placé au-dessus du tabernacle et qui représentait un ecclésiastique debout ayant les pieds nus sur des charbons ardents et la tête traversé d'une tempe à l'autre par un glaive. Il semble que la physionomie d'un homme soumis à ce double et horrible supplice doive exprimer la plus vive douleur ; tout au contraire, on y lisait l'expression d'une joie douce et calme.

Que les incrédules ne se hâtent pas d'en rire. Les extrêmes se touchent, et, sans invoquer tant d'exemples éclatants fournis par de saints martyrs, n'a-t-on pas vu dans un temps assez rapproché de nous, alors que l'atrocité des supplices judiciaires n'avait pas entièrement disparu, de pauvres patients à bout de souffrances dérouter tout-à-coup le bourreau par l'explosion d'une hilarité qui contrastait étrangement avec leur affreuse situation ? C'était l'apparition inattendue du phénomène qu'on a appelé la *volupté de la douleur*, et que l'exécuteur Samson décrit très-bien au 2e volume de ses mémoires.

De même qu'une plaque métallique chauffée à une trop haute température n'a plus d'effet sur la goutte d'eau qu'on y projette et qu'une chaleur moindre aurait anéantie instantanément, l'insensibilité se produit quand on outre la torture. Quelquefois, même, le bourreau fait plus que manquer le but ; car, au lieu des tourments de l'Enfer qu'il avait mission d'infliger à la victime, il lui donne un avant-goût des délices du Paradis !

Le père capucin qui devait officier ayant achevé de se vêtir, le *Te Deum* commença. Aussitôt, éclate à l'improviste derrière nous une tempête musicale rendue plus assourdissante par l'exiguité du local et sa disposition en voûte. Je crus que les orgues de Barbarie d'Europe avaient émigré en masse pour rentrer dans leur véritable patrie ; cependant, tout ce vacarme sortait d'un meuble que je ne sais comment dénommer, car il tenait de l'épinette, de l'orgue et du piano, par leurs plus mauvais côtés. L'harmonie qui venait de se rétablir entre l'Espagne et le Maroc ne s'était évidemment pas étendue jusqu'à lui; et il était permis de croire que depuis le jour où il sortit des mains de l'ouvrier jamais accordeur n'en avait visité le mécanisme.

Ce n'était pas tout. L'officiant, en véritable père capucin, nasillait outre mesure. C'était d'ailleurs une belle tête de moine, mais avec une figure plus fine et plus distinguée que l'on a l'habitude d'en rencontrer chez les membres de l'ordre de St-François. Ses cheveux, d'un noir aile de corbeau, avaient été coupés de façon à figurer, sur son crâne rasé de frais, une espèce de couronne qui me rappela l'expression populaire *los senores de corona y cerquillo*, par laquelle on désigne les moines en Espagne. En fidèle sujet de S. M. Catholique, il pensait sans doute plus à Dona Isabela, qu'à Napoléon III et il lui échappait de dire *reginam*, quand la spécialité de la cérémonie exigeait *imperatorem*. Mais, comme il était évident, malgré ce lapsus, que son intention était bonne, on n'en tint pas moins le *Te Deum* pour suffisant et authentique.

Après la cérémonie, le cortége rentra au consulat selon l'ordre déjà indiqué. Des rafraîchissements nous attendaient dans le jardin où tous les Français de Tanger — nationaux ou protégés — burent de grand cœur à la santé de Napoléon III. Les protégés se faisaient remarquer par l'excès de leur enthousiasme ; et bien qu'il leur arrivât plus d'une fois de mêler les cris de *vive le roi! vive la reine!* à celui de *vive l'empereur!* leur loyalisme ne reçut aucune atteinte de ces réminiscences d'un temps où sans doute ils vivaient sous un autre protectorat que celui de la France et de son souverain actuel.

En lisant ces lignes, quelque lecteur leur reprochera peut-être un ton de légèreté peu en rapport avec la description d'une cérémonie religieuse et nationale. En ce cas, ma pensée aurait été mal comprise et ce serait un devoir pour moi de la dégager de tout malentendu.

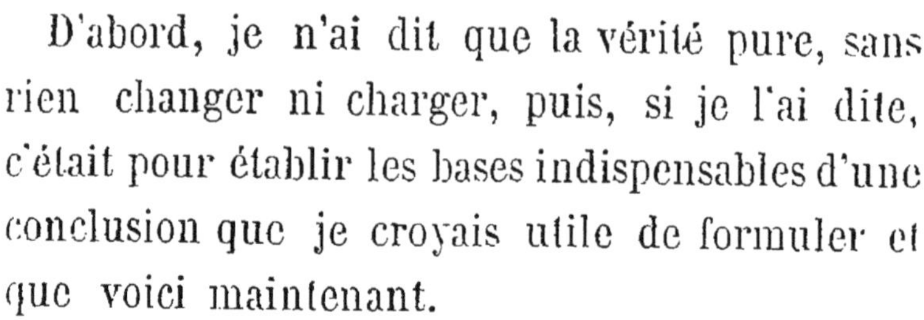

D'abord, je n'ai dit que la vérité pure, sans rien changer ni charger, puis, si je l'ai dite, c'était pour établir les bases indispensables d'une conclusion que je croyais utile de formuler et que voici maintenant.

Lorsque l'Europe couronnait son triomphe sur la barbarie en la forçant de permettre sur son propre terrain l'exercice de la religion chrétienne, il eût été logique d'appliquer avec plus de convenance et de grandeur l'important résultat qu'on venait d'obtenir. Ainsi, en ce qui concerne Tanger, au lieu d'une chapelle lillipulienne pouvant à peine recevoir une cinquantaine de fidèles, on voudrait un véritable temple ; au lieu d'une multitude d'ornements d'un goût détestable qui rappellent quoi qu'on en ait, certains étalages de bric-à-brac, il faudrait la noble simplicité qui sied aux monuments religieux ; la voix humaine, ou même le silence, serait préférable à l'odieux instrument qui s'épuise à singer les magnifiques orgues de nos cathédrales. Cela était surtout nécessaire vis-à-vis du peuple musulman dont le culte est si digne et si noble dans ses cérémonies.

Je profiterai de l'occasion pour reprocher à beaucoup de nos églises algériennes l'adoption de quelques-uns des usages espagnols que je viens de critiquer : si l'on veut à toute force faire du paganisme dans les cérémonies du culte chrétien, que ce soit au moins dans le grand style et non pas avec des formes plus ou moins déplaisantes, sinon ridicules, et qui refoulent le sentiment religieux au plus profond du cœur de celui qui en est témoin.

J'étais sur la fin de mon séjour à Tanger et j'attendais à chaque instant le *Phénix* qui devait, pour la deuxième fois, me conduire à Gibraltar. Je pensais même avec peine que je ne pourrais faire qu'une courte apparition dans cette ville, lorsqu'une combinaison inattendue vint me délivrer de cette appréhension.

Le *Coligny*, alors en station à Tanger, partait pour Malaga dans la nuit du 15 au 16 et il devait faire escale à Gibraltar. Grâce à l'extrême obligeance de M. Serre, commandant de la corvette, je pus profiter de cette excellente occasion; j'étais sûr, dès lors, d'employer fructueusement à parcourir la place anglaise tout le temps que le *Phénix* mettrait à nous rejoindre.

Après un cordial dîner d'adieu chez M. l'ingénieur Jacquet, en compagnie de M. le Dr Guillemin, je quittai Tanger le 15 août vers dix heures du soir, conduit au port par mon aimable hôte du consulat et par les personnes que sa bienveillante entremise m'avait fait connaître.

J'abordais de nouveau le mauvais côté des pérégrinations: s'être trouvé en relation avec des hommes qu'on eût été heureux de rencontrer partout, à plus forte raison en pays barbaresque; puis, l'heure du départ ayant sonné, échanger rapidement la poignée de main finale avec la presque certitude de ne plus jamais se revoir, c'est une épreuve pénible et qui jette quelque amertume sur les plus agréables souvenirs de voyages. Après tout, on s'essaie ainsi à une plus solennelle séparation.

Sous le coup de cette émotion, je gagnai

l'embarcation. La mer était belle ce soir là et nous abordâmes le *Coligny* en peu de temps et sans la moindre secousse.

M'étant couché aussitôt, j'y gagnai d'avoir la navigation la plus agréable que j'aie enregistrée dans mes souvenirs nautiques ; je dormais lorsqu'on leva l'ancre et quand je rouvris les yeux dans la matinée du 16 août, nous étions mouillés devant *Ragged staff point*, à Gibraltar.

Le *Coligny* avait à peine stoppé au mouillage militaire de Gibraltar que je descendis à terre avec un des officiers du bord qu'une affaire de service amenait en ville et qui voulut bien, une fois libre de ses devoirs officiels, mettre obligeamment à ma disposition sa parfaite connaissance des localités. Notre canot s'était arrêté dans un petit bassin qu'on achevait de construire, à quelques pas d'un pauvre factionnaire anglais qui ruisselait et étouffait dans une tenue aussi rigide que celle des hommes de garde du parc de St-James. Car la seule concession faite au climat par les règlements était une ample coiffe de calicot blanc flottant par-dessus son schako, à la manière de celle qui ombrage le képi de nos chasseurs d'Afrique.

Je fus surpris de ne trouver là personne qui me demandât mon passeport. Nulle trace de police ! Le côté Sud, qui est le quartier militaire, est décidément le bon bout de Gibraltar pour le voyageur qui n'aime pas à payer le plaisir de visiter un pays étranger par un humiliant interrogatoire préalable au seuil de la frontière. On a beau se savoir honnête et se sentir irréprochable, on souffre toujours en se voyant scruté jusque dans le blanc des yeux par un monsieur qui semble se demander, par exemple, si l'on ne serait pas l'assassin Jud.

Nous entrâmes dans la ville proprement dite en passant par le champ de manœuvres. Un fumeur qui se respecte ne saurait toucher à Gibraltar sans y faire sa petite provision de cigares ; car c'est du fruit défendu, si ce n'est du bien bon fruit : et cela suffit pour lui donner des charmes. Le marchand auquel je m'adressai, un juif espagnol, était en train de raconter à quelques pratiques une anecdote que je saisis au vol et que je m'empresse de vous communiquer par des motifs que l'on connaîtra bientôt.

« Au moment de la guerre du Maroc — disait notre homme, — un assez grand nombre de militaires espagnols vinrent visiter Gibraltar, en attendant le moment de s'embarquer. L'un d'eux, un sous-officier, me demanda un jour combien je payais de loyer pour ce magasin. Puis il ajouta :

« Je vous demande cela, parce qu'après avoir conquis le Maroc, nous viendrons prendre Gibraltar ; et que c'est alors à nous que vous paierez votre terme. »

Cette anecdote, qui excitait la verve guoguenarde du juif, me donna beaucoup à penser : car un sentiment patriotique, sa forme populaire fût-elle exagérée, ou même ridicule, est au moins respectable dans son principe. Et puis c'était pour moi la première révélation d'une opinion nationale qui n'attend qu'une occasion pour éclater hors d'Espagne. Alors, *la question de Gibraltar* pourra très-bien s'ajouter à toutes celles qui tourmentent déjà si fort les puissantes cervelles de la diplomatie. Mais j'aurai bientôt à revenir là-dessus.

Après la visite obligée à l'excellent M. Bartibas, cet informateur intelligent et désintéressé de tous les Français qui ont quelque chose à faire ou à voir à Gibraltar, nous allâmes chez l'intendant de l'armée anglaise, afin d'obtenir la permission de visiter les batteries taillées dans le roc, cette principale curiosité de l'endroit. L'autorisation nous ayant été gracieusement octroyée, nous nous mîmes à la recherche du sous-officier d'artillerie qui devait nous ouvrir les portes de cette merveille militaire et nous guider dans la longue écharpe qu'elle trace en escaladant la face nord de la montagne.

Pour arriver au Château maure, près duquel se trouvait l'habitation de notre futur cicerone, il fallut traverser des rues assez vilaines — moralement parlant — où presque chaque fehêtre exhibait un buste de femme demi-nue, à la face impudente, stupide et avinée. Malgré leur état de dégradation, beaucoup de ces malheureuses créatures étaient assez jolies ; autant que des femmes peuvent l'être, quand le rayonnement du cœur et de l'intelligence a cessé d'illuminer leur physionomie.

Nous donnâmes un coup-d'œil en passant au *Moorish Castle*, dont je cherchai vainement l'inscription arabe ; puis, nous nous remîmes en quête du sous-officier auquel nous étions adressés. A force d'interroger les passants, nous finîmes par découvrir son domicile ; il se trouva que nous avions tourné tout autour, mais qu'un bruit de piano qui s'en échappait nous avait mis en défaut. Le moyen, en effet, de supposer un pareil instrument chez un sergent d'artillerie.

C'était pourtant bien là, à un tournant de la route, au milieu d'un petit massif d'arbres, dans un joli cottage. Je frappai à l'anglaise, le nombre de coups qui empêchent qu'un *gentleman* soit confondu avec un porteur d'eau ou un facteur de la poste aux lettres et fasse, par suite de cette méprise, une assez longue faction à la porte. Un gracieux *walk in*, prononcé par une voix très-douce et qui ne paraissait nullement sortir d'une poitrine de canonnier, m'engagea à entrer; je tourne le bouton et nous voici dans le sanctuaire.

L'expression n'a certainement rien d'exagéré, car c'était bien le plus charmant sanctuaire de famille que j'eusse jamais contemplé, même en Angleterre, où cependant ces sortes de tableaux ne sont pas rares. Le contraste y entrait peut-être aussi pour quelque chose, car on n'a pas oublié que je venais d'entrevoir des intérieurs d'une nature bien différente.

Nous étions dans le *parlour*, ou salle à manger-salon anglais, harmonieusement pourvu de tout ce qui pouvait être utile et intelligemment préservé de tout ce qui n'aurait figuré que pour la montre. Cette simplicité élégante est d'autant plus méritoire que le *parlour* étant à peu près la seule pièce anglaise accessible aux visiteurs, le propriétaire doit être tenté grandement d'y exhiber tout le luxe auquel ses moyens lui permettent d'atteindre, tentation qui mène droit à la recherche, une des voies qui conduisent le plus sûrement au mauvais goût.

La maîtresse du logis, jeune et jolie femme aux manières distinguées, laissait presque flotter, sur de très-blanches épaules nues (il faisait si chaud!), une abondante chevelure aux reflets dorés, cette nuance justement chérie des anciens. A ses côtés, deux beaux enfants, bien en point et souriants, s'ébattaient avec une de ces jolies miniatures de chien, qu'on ne rencontre guère qu'à Gibraltar. Comme vigoureux repoussoir à ce tableau frais et gracieux, se dressait dans toute la hauteur de sa taille, devant un bureau d'acajou placé à la lumière d'une fenêtre, une espèce de géant, droit, sec et raide, qui semblait conserver jusque dans l'intimité de la famille les habitudes compassées de la manœuvre. C'était le mari de la dame, le père des petits chérubins; enfin le sous-officier d'artillerie que nous venions relancer au sein des douceurs du *sweet-home*.

Quand nous lui eûmes expliqué le but de notre visite et exhibé la permission de l'intendant, il replaça méthodiquement les papiers qui l'occupaient au moment de notre arrivée et se mit à notre disposition avec tout l'empressement que permet la gravité anglo-saxonne.

Sous sa direction, nous atteignîmes bientôt le sentier militaire qui serpente entre le roc où il a été taillé et des murs en pierres sèches à hauteur de l'œil du passant. C'était une espèce de caponnière destinée à protéger la circulation de la ville aux batteries et d'une batterie à l'autre. Après une ascension de quelques minutes, nous arrivâmes à une grande grille en bois que notre guide ouvrit pour nous introduire dans la première et la plus basse des batteries souterraines de la face nord du rocher. On lit à l'entrée — ainsi que dans les autres — une inscription qui donne son nom et la date de sa construction.

En pénétrant dans cette longue galerie qui

est ouverte aux deux bouts, nous fûmes saisis par un courant d'air si violent et si glacial qu'en ce qui me concerne je faillis rebrousser chemin, la crainte d'attraper une pleurésie l'emportant, au premier abord, sur le désir de contempler le chef-d'œuvre de la fortification anglaise. Cependant, la honte me prit de montrer de la faiblesse dans un lieu qui ne doit inspirer que l'idée de la lutte et le mépris du danger. Je continuai donc ma route, après, toutefois, m'être boutonné jusqu'au cou.

Je ne m'exposerai pas à fatiguer le lecteur en l'entraînant à ma suite jusqu'à la salle St-Georges qui couronne cette ligne ascendante de batteries étagées sur un plan incliné assez rapide. D'ailleurs, toutes se ressemblant, c'est le cas d'appliquer le *ab uno disce omnes*. Il suffira donc d'une description particulière qui, par le fait, conviendra à chacune d'elles.

Celle où nous venions d'entrer constitue une haute et large galerie taillée dans le roc, où l'on peut circuler à cheval et même en voiture ; elle est séparée de la suivante par l'espèce de caponnière dont je parlais tout à l'heure. De distance en distance, à gauche en montant, c'est-à-dire du côté extérieur de la montagne, s'ouvrent sur cette même galerie de vastes rotondes avec des embrasures, et même très-souvent des tuyaux d'appel qui percent la voûte et fonctionnent à la manière de la manche à vent des navires. Ces rotondes sont armées de pièces approvisionnées à cinq coups, afin de pouvoir commencer immédiatement le feu, le cas échéant, en attendant l'arrivée des munitions nécessaires pour un tir prolongé. Il résulte de ce qui précède que la différence de température entre la partie souterraine et celle qui est à ciel ouvert suffit pour entretenir un courant d'air dans les batteries.

Cela répond aux personnes qui ont prétendu qu'après quelques décharges, les artilleurs anglais seraient asphyxiés dans leurs cavernes par la fumée qui s'y accumulerait.

En regardant au dehors des rotondes et en mesurant de l'œil la grande hauteur où l'on se trouve, il est naturel de se demander à quoi peut servir le tir par trop plongeant de toute cette artillerie. D'après notre sous-officier, elle est destinée à empêcher tout travail d'approche sur la langue de sable, seul point d'attaque par le territoire espagnol ; et celui en effet qui fut le théâtre des principaux efforts des assiégeants, lors du fameux siége de 1782.

Mais je ne veux pas m'appesantir plus longtemps sur des détails techniques que je ne pourrais pas rendre assez complets pour les hommes compétents ni assez clairs pour les profanes. Je garde donc en portefeuille toutes les autres notes poliorcétiques que j'ai pu recueillir là-bas.

Il en est une que j'excepterai, cependant, de cette mesure générale; elle est relative à une des nombreuses manières de prendre Gibraltar que j'ai entendu préconiser sur les deux rives du Détroit, où ce sujet est essentiellement à l'ordre du jour. Renouvelée du stratagème employé en 1789 par les parisiens pour s'emparer de la Bastille, elle consiste à profiter de certains vents favorables pour accumuler en face de la place force broussaille, paille et foin mouillés, auxquels on mettrait le feu en temps opportun et dont la fumée devrait infailliblement étouffer tous les anglais dans leurs souterrains et même dans la ville — au dire des auteurs ou prôneurs dudit procédé !

En descendant des batteries, notre guide nous accompagna jusqu'auprès de son cottage où il prit congé de nous, paraissant assez satisfait de nos personnes, car nous avions convenablement chatouillé son amour-propre d'anglais, en répétant de temps à autre l'interjection *Wonderfull*, à propos des prodigieux travaux qu'il nous montrait.

La visite des lignes anglaises et espagnoles, sur l'étroite langue de sable destinée par la nature à relier Gibraltar au reste du territoire espagnol et qui les sépare aujourd'hui de par la politique, devait donner à ma curiosité encore plus de satisfaction que l'examen des batteries taillées dans le roc.

C'est en effet un singulier spectacle que celui de deux peuples alliés représentés par deux rangs opposés de factionnaires se faisant face à portée de fusil, dans une attitude qui n'est rien moins que pacifique. Je demande pardon au lecteur de rappeler encore l'étonnement que cela m'a causé dès la première fois.

Sortis de la ville par la porte septentrionale, nous marchons dans la direction du territoire incontesté de la Péninsule. Il ne s'agit de rien moins que de passer d'Angleterre en Espagne, c'est-à-dire d'aller d'un pôle à l'autre, sous bien des rapports. Nous traversons, sur une chaussée coupée de ponts-levis, une lagune qui défend de ce côté les approches immédiates de la place et nous atteignons bientôt la ligne anglaise jalonnée par une série de vilaines guérites noires en bois à côté desquelles se dressent de grands poteaux surmontés d'un large cadre horizontal que recouvre une natte trop souvent lacérée ou trouée. C'est un parasol imaginé sans doute pour dispenser le malheureux factionnaire anglais de stationner, pendant les ardeurs de l'été, dans une boîte peinte précisément de la couleur qui absorbe le calorique avec le plus d'intensité.

En face de cette ligne anglaise, règne le *neutral ground*, ou terrain neutre : puis, au-delà, s'étend la ligne espagnole. Il faut pour y arriver sain et sauf bien se garder de quitter la grande route, car les factionnaires ne badinent pas avec la consigne : à ce sujet, on m'a raconté là-bas qu'un jeune officier anglais, emporté par son cheval en dehors de la voie sacramentelle, faillit payer cher cet écart de son quadrupède.

Vraie ou fausse, cette anecdote nous avait rendus circonspects et nous arrivâmes à l'entrée du village de *Linea* sans avoir dévié le moins du monde de la direction réglementaire.

Ce village est au centre de la ligne espagnole dont il a pris son nom. On y entre par une porte que garde un poste assez nombreux, lequel paraît avoir une mission à la fois militaire et fiscale. A droite et à gauche de cette porte, sur toute la largeur de l'isthme, sont échelonnées de nombreuses guérites en pierre très-proprement blanchies à la chaux et couronnées par un dôme. C'est plus joli à l'œil et mieux entendu dans l'intérêt du soldat que les coffres noirs des Anglais qui leur font face. L'aspect des hommes est aussi différent que celui des choses. Aux blonds et impassibles colosses de la race anglo-saxonne succèdent brusquement de petits soldats bruns, secs et vifs, à la figure expressive.

Par un vieil instinct d'épigraphiste, je m'étais arrêté, après avoir franchi la porte, devant des inscriptions placées au-dessus de deux espèces de corps-de-garde. C'était, d'un côté, *Reconocimiento de los hombres*; et, de l'autre, *Reconocimiento de las mugeres*. Je les regardais de l'air d'un homme qui comprend chacun des mots, mais à qui le sens spécial de l'ensemble ne se révèle nullement; l'officier qui commandait le poste espagnol, devinant mon embarras, vint très-gracieusement m'expliquer que c'était pour désigner les chambres où la douane fouille les hommes et fait fouiller les femmes. Je crus devoir dès-lors indiquer par un geste que je m'offrais aux investigations de cette institution vénérable ; mais mon interlocuteur se hâta de me dire en riant que cela ne regardait pas les promeneurs comme nous.

Je le remerciai et continuai ma route dans le village, par une rue large, qui me conduisit à une place (de la *Constitution*, sans doute), complantée de quelques arbres, qui devaient être là depuis bien peu de temps, ou qui n'y avaient pas rencontré un terrain très-favorable, car ils ne portaient guère plus d'ombre qu'un balai planté la tête en l'air. Cependant, entre les maisons blanchies, sur un sol hérissé de cailloux et sous un ciel de feu, on était presque dans la position de Don Quichotte, arpentant la plaine de Montiel, où sa cervelle se serait fondue, dit son historiographe, s'il en avait eu encore quelque peu dans le crâne. Mon compagnon ne souffrait pas moins que moi de la chaleur, et ce fut avec une satisfaction bien partagée que nous aperçûmes l'enseigne d'une *Botilleria*, où nous pouvions espérer quelque rafraîchissement, par exemple, la *naranjada* nationale, l'humble et délicieuse orangeade dont j'appris bien vite à apprécier le goût agréable et les salutaires propriétés.

Déjà, en ouvrant la porte de l'établissement, nous avions senti la bienfaisante impression d'une fraîche température, toutes les issues et les baies étant maintenues hermétiquement closes ou couvertes par d'épais rideaux qui ne permettaient aux rayons solaires de s'introduire que par une douce et presque insensible filtration. Vivent les pays chauds pour avoir les intérieurs frais en été et les contrées glaciales pour en avoir de chauds en hiver, témoin la Russie. Quant à la France, en sa qualité de région tempérée, on y a alternativement très froid et très-chaud chez soi. On n'y est armé contre aucun des excès de la température.

Quand mes yeux se furent un peu accoutumés à l'obscurité de la *botilleria*, la première chose que je remarquai fut un grand portrait de Napoléon Ier, placé à l'endroit le plus en vue.

Trouver l'image de l'illustre capitaine à la place d'honneur dans ce pays qui lui fut si hostile, j'avoue que cela me causa quelque surprise. L'hôte, comme s'il eût lu dans ma pensée, y répondit par ces quelques mots:

« C'était un grand homme, monsieur ; nous l'avons combattu avec acharnement quand il nous faisait la guerre, mais toujours en l'estimant. Maintenant qu'il est mort, nous ne nous rappelons plus que ses éminentes qualités. »

Cette explication spontanée parut obtenir l'approbation tacite de quelques consommateurs que le besoin de l'orangeade avait réunis là, et, bien entendu, je ne manquai pas de m'associer à l'approbation générale.

Mais ce n'était qu'une entrée en matière, une sorte d'introduction pour aborder un sujet plus actuel, la fameuse question de Gibraltar !

En Europe, on croit généralement que l'Espagne a pris son parti depuis longtemps de la perte de cette place ; c'est une grave erreur : depuis la reine d'Espagne qui, dans son récent voyage en Andalousie, ayant à aller de Cadix à Malaga, a modifié son itinéraire naturel par le Détroit, et lui a préféré le chemin le plus long et le plus pénible par terre, *et cela pour ne point passer devant Gibraltar;* depuis la Reine, dis-je, jusqu'au dernier de ses sujets, Gibraltar est le cauchemar qui trouble dans la Péninsule les aspirations de puissante nationalité qui s'y reveillent avec énergie ; c'est l'épine de honte qui déchire la nation castillane au plus profond et au plus vif du cœur. Et ce sentiment prend chaque jour plus de force, à mesure que l'Espagne sort de son trop long engourdissement.

En vain, plus d'un siècle et demi a passé sur la perte de cette place ; en vain, la diplomatie, maîtrisée par des nécessités politiques, a paru la consacrer définitivement, elle est à présent aussi fortement ressentie qu'à la première heure. Cela, du reste, fait honneur au caractère espagnol ; et nous devons bien le comprendre, nous qui n'avons eu ni repos ni satisfaction nationale tant que nous n'avons pas eu repris Calais et racheté Dunkerque.

Donc l'hôte aborda la question en ces termes :

« Vous venez de *notre* Gibraltar ? Je dis *notre*, ajouta-t-il, parce qu'il nous appartient de droit et qu'il nous reviendra bientôt de fait. »

Encore sous le coup de l'effet produit par l'aspect des formidables défenses de cette place, je laissai percer sans doute quelque sentiment d'incrédulité, en entendant cette audacieuse assertion. Le maître de la *botilleria* s'en aperçut et s'empressa d'expliquer ainsi sa pensée.

« Tenez, monsieur le Français, je vois bien que vous ne me croyez pas ; mais suivez un peu mon raisonnement et vous serez vite convaincu. D'abord, vous admettrez bien que tôt ou tard l'Angleterre et la France se feront la guerre ; le léopard et l'aigle ne peuvent pas rester longtemps en présence sans échanger des coups de griffes et de serres. Alors, il est évident que tous deux rechercheront notre alliance. Hé bien, ou les Anglais pour l'obtenir nous rendront Gibraltar ; ou les Français pour nous avoir avec eux nous aideront à le reprendre. Vous voyez que de toute façon Gibraltar nous reviendra. »

Je n'étais pas convaincu, et l'hôte ne l'était sans doute pas beaucoup lui-même, car il passa bientôt à ce nouvel ordre d'idées :

« Dans le siècle où nous sommes, continua-
» t-il, les peuples ont voix au chapitre : leur
» parole retentit même avec éclat. Non-seule-
» ment, elle se fait entendre, mais il faut
» toujours finir par compter avec elle. Soyez
» donc certain que le jour où le patriotisme
» espagnol portera la question de Gibraltar au
» tribunal des nations, la cause ne sera pas
» plus tôt exposée qu'elle sera gagnée, au
» moins moralement. L'Angleterre pourra-t-
» elle objecter quelque chose de raisonnable
» contre cette restitution à l'Espagne d'un ter-
» ritoire de tout temps espagnol, elle qui
» prêche en ce moment la restitution de
» Rome à l'Italie, à l'Italie née d'hier et dont
» le droit de réclamation n'a pas comme le
» nôtre, la sanction des siècles ?

» Nous aurons bien le droit de dire aux
» Anglais : Si vous tenez à rester dans la lo-
» gique, rendez-nous donc Gibraltar. »

Le brave limonadier oubliait qu'un gouvernement s'incline rarement devant la logique, quand celle-ci a pour résultat de blesser ses intérêts ou son orgueil : surtout s'il se sent assez fort pour être illogique, voire même injuste, impunément.

Cependant, au moment où j'écris ceci, les journaux annoncent que la Grande-Bretagne va rendre les îles Ioniennes à la Grèce. Je suppose que mon hôte de la *Linea* s'en frotte les mains, y voyant un symptôme heureux pour la réalisation de ses espérances de restitution.

Comme je devisais sur ce chapitre avec mon compagnon de route en retournant à Gibraltar, j'aperçus la coque blanche du *Phénix*, sous le panache noir de sa fumée. Cette vue mit fin à toute dissertation politique, car il fallait beaucoup se hâter pour aller au Sud faire mes adieux au *Coligny*, puis revenir au Nord aborder le courrier d'Oran, en temps opportun.

Je fus assez heureux pour réussir à concilier ce double devoir ; et j'atteignis le *Phenix* au moment où il appareillait.

Un quart-d'heure après, nous rentrions dans la Méditerranée, et je reprenais la route que j'ai déjà décrite. Aussi, n'ayant plus rien de nouveau à dire, je prends congé du lecteur ; non pas pour longtemps toutefois ; car j'espère lui raconter avant peu un autre voyage, plus long et plus semé d'aventures, que j'ai fait, il y a quelques années, dans la Régence de Tunis et le Désert algérien.

Dans le nº de l'*Akhbar* où je publiais la dernière partie des *Colonnes*, se trouvait l'article ci-dessous emprunté à la *Presse*, et qui est aussi relatif à la question de Gibraltar. Cette coïncidence fortuite est assez curieuse pour que j'en conserve ici la trace en reproduisant les paroles de M. E. de Girardin ; car il en résulte qu'au moment même où, sous l'empire d'observations toutes récentes faites à Gibraltar et dans ses environs, j'écrivais, à propos de la question de restitution de cette place, qu'elle constituait dans la Péninsule une opinion nationale, *qui n'attend qu'une occasion pour éclater*, cette opinion éclatait en effet, et dans l'endroit où on s'y serait le moins attendu, c'est-à-dire en Angleterre même.

Voici l'article dont il s'agit :

— On lit dans la *Presse :*

Les journaux français, qui se sont hâtés de reproduire la fin du discours de M. John Bright au meeting de Birmingham, n'en ont pas donné le passage le plus important, parce qu'il n'avait pas été traduit ; c'est le passage suivant, relatif à la restitution de Gibraltar :

« Prenez Gibraltar pour exemple :

» L'Angleterre s'est emparée de ce rocher quand nous n'étions pas en guerre avec l'Espagne, et nous l'avons gardé contrairement à toutes les lois de la morale. Je vais plus loin. Supposez que l'Angleterre soit maîtresse d'une manière légale et régulière de cette situation, et qu'elle apprenne que l'Espagne prépare une expédition de terre et de mer pour reprendre ce rocher, qui n'est d'aucune utilité pour les intérêts anglais, tout le monde sait ce qui arriverait.

« *Plusieurs ministres ont déjà songé à délaisser ce coin de terre dispendieux.* Pour moi personnellement, je désirerais que le gouvernement envoyât mon ami M. Cobden à Madrid, avec ordre de rendre Gibraltar à l'Espagne comme n'étant d'aucune utilité pour l'Angleterre, et qui sert seulement à compromettre la bonne harmonie des deux nations. M. Cobden obtiendrait certainement en retour un traité de commerce qui ouvrirait toutes les provinces de l'Espagne aux produits manufacturés de l'Angleterre avec un droit de 10 0[0, ce qui serait plus avantageux pour les deux nations. »

M. John Bright a raison, incontestablement raison. La restitution spontanée à l'Espagne de Gibraltar, « de ce rocher sans utilité pour les « intérêts anglais ; de ce coin de terre dispendieux, » loin d'être nuisible à la Grande-Bretagne, lui serait profitable, car ce qu'il ferait perdre à la vieille politique de la féodalité maritime, il le ferait gagner à la nouvelle politique de la liberté commerciale, en même temps qu'il effacerait une des pages les plus honteuses de l'histoire britannique.

Ce qui est inique et doit être à jamais flétri ne saurait être trop souvent rappelé.

Rappelons donc comment Gibraltar a été pris, le 4 août 1784: l'amiral Rook, dans la guerre de succession allumée en Europe par le roi d'Espagne, Charles II, ayant échoué dans son projet de prendre Barcelone, fait voile vers Gibraltar, où les espagnols, confiants dans les fortifications naturelles de la place, n'avaient mis qu'une garnison de cent hommes.

En effet, la flotte anglaise tire en vain quinze mille coups de canon sur ces rochers; les Espagnols regardent en riant ces inutiles décharges; mais de hardis matelots se décident à tenter un coup de main, ils gravissent des rochers réputés inaccessibles: arrivés au sommet, ils trouvent les femmes de Gibraltar sorties, suivant leur coutume, pour aller visiter une chapelle dédiée à la Vierge ; ils s'en saisissent. Les habitants, effrayés du sort réservé à leurs femmes livrent la ville aux Anglais, qui depuis cette époque en sont restés maîtres, malgré les efforts de l'Espagne pour leur faire perdre cette clé de la Méditerrannée.

Il n'y a pas, dans l'histoire britannique, de page plus honteuse après celle du bombardement de Copenhague. Nous comprenons que l'Angleterre libre échangiste ait à cœur de les effacer et de les faire oublier. Le libre échange est une politique nouvelle qui a sa logique et ses conséquences. — *E. de Girardin.*

Alger. Typ. BASTIDE.

[illegible]

OUVRAGES DU MÊME [illegible]

[illegible] Quatre heures, à Alger [illegible]

ÉPOQUES [illegible] KABILIE [illegible] 1857.

[illegible] d'ALGER [illegible] ches. Alger, 1875.

[illegible]

[illegible] de l'Algérie [illegible]

www.ingramcontent.com/pod-product-compliance
Ingram Content Group UK Ltd.
Pitfield, Milton Keynes, MK11 3LW, UK
UKHW012039240726
13965UKWH00003B/904

9 782012 861251